제2판

오류와 역설로 배우는

확률과 통계

• 조진석 지음 •

KM 경문사

개정판 머리말

본 책이 출간된 이후부터 독자들에게 과분한 사랑을 받아, 저자는 독자들에게 항상 감사하는 마음을 가지고 있다. 저자의 전공 분야가 아닌 주제로 책을 집필하는 부담이 있었으나, 의외로 재미있고 유익했다는 반응이 많아 고생한 보람을 느낄 수 있었다. 처음 책을 집필할 때는 몬티 홀 문제와 베르트랑 역설에 대한 명확한 수학적인 설명을 제시하는 것에 가장 큰 의의를 두었다. 하지만 시간이 지난 후, 책에서 확률의 역설 위주로 다루고 통계의 역설은 거의 다루지 않은 것에 대한 아쉬움이 느껴졌다. 현명한 가치 판단을 위해서는 확률의 역설뿐만 아니라 통계의 역설도 조심해야 하기 때문이다. 하지만 저자는 통계에 대한 경험이 많지 않아, 이 내용을 다루는 것이 다소 조심스러웠다.

마침 책을 다시 인쇄해야 할 즈음에 "앨런 B. 다우니(2024). **통계의 함정: 통계의 역설로 본 환상과 거짓**. 서울: 에이콘"이 국내에 출간되었는데, 이 책을 읽는 것이 저자에게 큰 공부가 되었다. 이 책에서는 다양한 통계의 역설을 다루고 분석하였는데, 그 역설 중 대표적인 것을 골라 정리하고 자료를 추가하여 본 책에 추가할 수 있었다. 그래서 이전에 미흡했던 통계 부분을 보완하여, 제목에 더 부합하는 책이 되도록 책을 개정할 수 있었다.

이번 개정판에서 추가된 부분은 총 세 장(11~13장)이며, 이 내용은 모두 다우니의 책에 기반하고 있다. 저자 나름대로의 방식으로 통계의 역설들을 최대한 이해하기 쉽게 정리하여 소개하였으나, 이 역설들을 더 깊게 이해하고자 하는 독자들에게는 다우니의 책을 읽어보는 것을 추천한다.

처음 책 출간을 제안했을 때 저자를 지지해 주고 이후 예쁜 책으로 편집해 준 경문사에 감사의 마음을 전한다. 그리고 책 안에 들어 있는 예쁜 그림들을 그려준 아내 문소영에게도 감사의 마음을 전한다.

초판 머리말

"확률론의 역사는 패러독스와 오류의 역사로 특징지어진다. 다른 분야에도 패러독스와 오류가 없는 것은 아니지만, 이론적으로 상당히 진전된 후에 나타나는 것이 대부분이어서 적어도 학교수학에 영향을 미칠 정도는 아니다. 그러나, 확률론에서는 확률 개념의 정의와 간단한 적용 단계에서부터 패러독스와 오류가 발생하기 때문에 학교수학에서 초보적인 형태로라도 다룰 필요가 있다. … 확률 개념은 이론화의 초기 단계에서부터 많은 패러독스와 오류에 부딪혔으며, 아마도 이는 학생들의 개인적인 발달과정에서도 마찬가지일 것으로 생각된다. 특히, 오류에 부딪힐만한 문제를 다루면서도 오류 가능성을 짚어주지 않는다면, 학생들로 하여금 자연스러운 확률 직관을 바르게 사용하지 못하게 할 수 있다."

위의 인용문은 "우정호, 이경화 (1996). 확률 개념의 교수학적 변환에 관한 연구. **대한수학교육학회 논문집**, 6(1), 125-144"에서 가져온 것이다. 많은 수학교육학자들이 현재 중고등학교 확률교육에서 공통적으로 지적하고 있는 문제는 바로 확률을 경우의 수를 세는 방법의 응용문제로만 가르치고 있다는 것이다. 확률은 태생적으로 패러독스와 오류를 가질 수밖에 없으며, 확률과 통계는 다양한 현실 상황에서 널리 사용되고 있으나, 현재 학교교육에서는 이러한 확률과 통계의 다양한 측면들을 제대로 다루고 있지 못하다는 비판이 있다. 저자는 이러한 문제 의식을 가지고 이 책을 집필하게 되었다.

이 책은 초중등 교사교육에서 확률과 통계를 가르치기 위한 교육과정 개발을 목적으로 집필되었다. 초등교사를 양성하는 교육대학에서도 사용할 수 있도록 대부분의 내용은 고교수학의 수준을 넘지 않으며, 9~10장에서 다루는 기하학적 확률의 경우도 이전에는 고등학교 정규수학교육과정에서 다루었던 내용이기 때문에, 확률에 관심이 많은 고등학생들이나 영재교육을 받고 있는 중학생들도 어렵지 않게 이해할 수 있을 것이다.

이 책에서는 다양한 오류와 역설들을 제시하였는데, 특별히 잘 알려진 역설들(예를 들면 몬티 홀 문제나 베르트랑 역설)에 대해서는 최대한 명확한 풀이를 제시하여 수학교사나 수학자, 수학교육연구자들이 이러한 역설들 때문에 혼란을 겪지 않도록 배려하였다. 사실 저자는 잘 알려진 확률 역설들에 대해서 만족스러운 해설을 담은 수학 문헌이나 수학교육 문헌을 그동안 쉽게 찾을 수 없었는데, 이러한 현실을 고려해서 저자는 이러한 역설들에 대한 다양한 해설을 고안하여 책에 담았다. 그리고 수학적인 오류뿐만 아니라 실생활에서 경험하는 다양한 확률과 통계의 오류들도 함께 제시하여, 확률과 통계의 소양이 실생활에 도움이 된다는 것을 독자들이 느낄 수 있도록 하였다.

이 책의 내용은 저자가 지난 수년간 부산교육대학에서 진행했던 "확률과 통계"라는 2학점 강좌를 기반으로 구성되었다. 제한된 시간에 확률과 통계라는 방대한 내용을 모두 다룰 수 없어, 대부분의 강의 시간을 확률에서의 오류와 역설을 탐구하는 내용으로 구성하였다. 통계 내용은 교사가 교육 현장에서 학생들의 성적 분포를 파악하기 위해 꼭 알아야 하는 기술통계만을 제한적으로 다루었으며, 추론통계는 의도적으로 배제하였는데 이는 학생들이 이후에 교육통계 수업을 통해 추론통계를 접할 기회가 있었기 때문이었다.

저자가 진행했던 강좌에서는 학생들의 통계적인 소양을 키우기 위해 아래의 책도 함께 교재로 사용하였다.

권재원 (2014). **거짓말로 배우는 10대들의 통계학**. 서울: 다른.

위의 책의 내용은 아주 쉽지만 유익하게 구성되어 있기 때문에, 학생들이 스스로 읽은 후 내용을 요약하여 발표하거나 과제를 제출하도록 하였다. 위의 책이 통계 해석의 기본 소양과 여론조사 기법을 충분히 잘 설명하였기 때문에, 이 책에서는 이러한 부분들은 전혀 다루지 않고 기술통계에만 집중할 수 있었다. 본 책을 교재로 수업을 진행하는 강사들은 위의 책과 비슷한 내용을 담은 책들을 부교재로 함께 활용한다면 학생들에게 더욱 유익한 수업을 구성할 수 있을 것이다.

저자는 위상수학을 전공한 수학자로, 확률과 통계에 대해서는 거의 문외한이었다. 처음 강의를 맡을 때에는 주변에 강의를 부탁할 사람을 찾을 수 없어서 어쩔 수 없이 맡게 되었는데, 이전에 통계를 진지하게 다루어본 경험이 없었기 때문에 다른 대학의 통계학과에서 개설한 통계분석 특강을 수강하며 강의를 준비하기도 하였다. 어쩔 수 없이 시작한 강의였으나, 강의를 수년에 걸쳐 여러 번 진행해보니 이 내용들이 교사들에게 얼마나 중요한지를 절실히 느낄 수 있었다. 특별히 교사들이 확률과 통계 개념을 오해하여 학교에서 발생했던 당황스러운 일들을 많이 들을 수 있었는데, 이를 통해 교사교육에서 확률과 통계가 이전보다 더욱 강조되고 내실화되어야 함을 느낄 수 있었다. 이 책이 이후 확률과 통계 교사교육 프로그램 개선에 도움이 되기를 희망한다.

그동안 부산교육대학교에서 저자의 부족한 강의에 적극적으로 참여해 도움을 준 모든 학생들에게 감사의 마음을 전한다. 그리고 이 책을 쓸 수 있도록 격려해주고 도와준 아내와 두 자녀*에게도 감사의 마음을 전하며, 책을 예쁘고 멋지게 제작하여 출판해 준 경문사 담당자에게도 감사의 마음을 전한다.

* 두 자녀가 모두 딸일 확률은 얼마인가? 3장을 확인하기 바란다.

차례

PART 01 | 평균의 역설 1

1.1 여러 가지 평균 2
1.2 심프슨의 역설 6
1.3 심프슨의 역설의 실제 사례 9

PART 02 | 기초통계량 11

2.1 대푯값 12
2.2 산포도 13
2.3 상자 수염 그림 18
2.4 상관계수 20

PART 03 | 확률의 정의 25

3.1 확률의 정의 26
3.2 교수님 자녀들은 모두 딸일까? 31

PART 04 | 기댓값의 역설 35

4.1 기댓값의 정의 36
4.2 기댓값의 역설 38
4.3 남의 떡이 더 커 보인다 42

PART 05 | 생일의 역설, 조건부확률 45

5.1 생일의 역설 46
5.2 조건부확률의 정의 49
5.3 정말로 병에 걸렸을까? 52
5.4 O.J. 심슨 재판에 관한 이야기 55

PART 06 | 먼저 뽑는 것이 유리할까 59

6.1 유치원 신입생 추첨 ······ 60
6.2 교육대학 부설초등학교 신입생 추첨 ······ 64
6.3 코로나19 백신의 예방률 ······ 65
6.4 인공지능에서의 확률 ······ 68

PART 07 | 독립사건과 종속사건 71

7.1 두 사건의 독립과 종속 ······ 72
7.2 오류 찾기 ······ 74
7.3 독립시행 ······ 76
7.4 유죄 판결의 근거가 된 잘못된 확률 계산 ······ 78

PART 08 | 몬티 홀 문제 81

8.1 몬티 홀 문제 ······ 82
8.2 몬티 홀 문제의 자세한 풀이 ······ 85
8.3 변형된 몬티 홀 문제 ······ 88
8.4 몬티 홀 문제의 뒷이야기 ······ 91

PART 09 | 기하학적 확률과 확률의 공리적 정의 93

9.1 기하학적 확률 ······ 94
9.2 확률의 공리적 정의 ······ 97

PART 10 | 베르트랑 역설 103

10.1 기하학적 확률 ······ 104
10.2 역설 해설 ······ 107
10.3 변형된 문제 ······ 108

PART 11 | **조사의 역설** 113

11.1 버스를 기다리는 시간의 기댓값 ········ 114
11.2 봉사활동 참가자 수의 평균 ········ 116
11.3 최첨단 강의실 활용도 ········ 117
11.4 우리 주변에 널려있는 조사의 역설 ········ 118

PART 12 | **벅슨의 역설** 119

12.1 대학 입학 성적 ········ 120
12.2 벅슨의 역설 ········ 121
12.3 우리 주변에 널려있는 벅슨의 역설 ········ 123

PART 13 | **출생 시 저체중의 역설** 125

13.1 산모의 흡연이 유아에게 끼치는 영향 ········ 126
13.2 출생 시 저체중을 초래하는 요인들 ········ 129
13.3 쌍둥이의 역설 ········ 130
13.4 비만의 역설 ········ 131

PART 14 | **연습문제** 133

PART 15 | **연습문제 풀이 및 해설** 141

부록 1 보간법 ········ 153
부록 2 Excel을 활용한 기초통계량 계산 ········ 159

◇ 참고 문헌 / 165

◇ 찾아보기 / 167

PART 01

평균의 역설

1.1 여러 가지 평균

통계학에서는 다양한 평균이 존재하지만, 특별한 언급이 없는 경우 평균은 산술평균을 의미한다.

정의 1.1

n개의 데이터 $x_1, x_2, \cdots, x_n (x_k > 0)$에 대하여, 이 데이터들의

(1) **산술평균**(arithmetic mean)은 $\dfrac{x_1 + x_2 + \cdots + x_n}{n}$

(2) **기하평균**(geometric mean)은 $(x_1 x_2 \cdots x_n)^{\frac{1}{n}} = \sqrt[n]{x_1 x_2 \cdots x_n}$

(3) **조화평균**(harmonic mean)은 $\dfrac{n}{\dfrac{1}{x_1} + \dfrac{1}{x_2} + \cdots + \dfrac{1}{x_n}}$

으로 정의한다.

평균들의 핵심 성질은 균등성(uniformity)이다. 아래 예들을 통해 살펴보자.

예 1-1 1) 1월 전기료가 x_1원, 2월 전기료가 x_2원, ⋯, 12월 전기료가 x_{12}원일 때, 한 달 평균 전기료는 산술평균인 $\dfrac{x_1 + x_2 + \cdots + x_{12}}{12}$원이 된다. 여기에서 산술평균은 총 전기료 $x_1 + x_2 + \cdots + x_{12}$를 12개월에 걸쳐 매달 **균등하게** 나누어 내려 할 때, 매달 내야 되는 금액을 의미한다.

2) 초등학생들에게 평균을 설명하는 한 가지 방법으로, 학생들이 가져온 물을 모아서 **공평하게** 나누는 것을 생각할 수 있다. 세 명의 학생이 각각

1.4L, 1L, 0.9L의 물을 가져왔을 때, 세 명이 물을 공평하게 나누어 가지려면 산술평균인 1.1L로 나누면 된다.

예 1-2 1) 어느 기업의 매출이 전년 대비 아래와 같다고 하자.

2021년	2022년	2023년	2024년
2.5배	3.5배	0.8배	1.2배

이 기업 매출의 변화는 기하평균으로 설명하는 것이 적절하다. 기하평균이

$$\sqrt[4]{2.5\times3.5\times0.8\times1.2}=\sqrt[4]{8.4}=1.702\ldots$$

이므로, 매출은 전년 대비 평균적으로 약 1.7배씩 상승했다고 할 수 있다. 여기에서 기하평균의 의미는 다음과 같다. 2020년에 이 기업 매출이 A원이었다면 이 기업의 2024년 매출은

$$\mathrm{A}\times2.5\times3.5\times0.8\times1.2=8.4\,\mathrm{A}$$

이 된다. 이 기업이 만일 2021년부터 매년 **일정한 비율로** 매출이 변화하여 2024년 매출이 8.4A가 되려면, 이 기업의 매출은 매년 1.7배 상승해야 한다.

2) 위의 기업 매출 예에서, 이 기업의 매출 변화의 평균을 산술평균인

$$\frac{2.5+3.5+0.8+1.2}{4}=2\text{배}$$

라고 한다면 이는 잘못된 것일까? 기하평균 1.7이 더 적절한 지표이기는 하지만, 산술평균 2도 잘못된 지표는 아니다. 이렇게 통계학에서는 주어진 데이터들의 특성을 설명하는 다양한 지표들이 존재하며, 어느 지표도 잘못되었다고 말할 수 없다. 단지 지표들 중에는 데이터들이 가진 전체적인 특

성을 더 잘 설명해주는 것들이 있을 수 있으며, 무엇이 더 좋은 지표인지를 선택할 때에는 가치판단이 필요하기도 하다.

예 1-3 1) 데이터 $x_1, x_2, \cdots, x_n$의 역수들인 $\frac{1}{x_1}, \frac{1}{x_2}, \cdots, \frac{1}{x_n}$의 산술평균

$$\frac{\frac{1}{x_1}+\frac{1}{x_2}+\cdots+\frac{1}{x_n}}{n}$$

을 구한 후, 이 값의 역수를 취한 것을 조화평균이라 정의한다. 일반적으로 수열 $\{a_n\}$의 역수로 이루어진 수열 $\left\{\frac{1}{a_n}\right\}$이 등차수열을 이룰 때, 수열 $\{a_n\}$을 조화수열이라 부른다. 특별히 세 양수 a, b, c가 조화수열의 인접한 세 항이면, b는 a와 c의 조화평균[1]이 된다. 즉,

$$b=\frac{2}{\frac{1}{a}+\frac{1}{c}}$$

가 성립한다. 여기에서 조화(harmony)라는 표현은 음악에서 음정들의 어울림으로부터 나온 것으로, 조화수열은 음악을 작곡할 때 활용하는 화성법(law of harmony)에서 사용되기도 한다.

2) 진석이는 집에 두고 온 물건을 가져오기 위해, 학교에서 집까지 시속 12km로 달렸고, 집에 도착하자마자 쉬지 않고 바로 물건을 받아서 학교까지 시속 6km로 달렸다. 이때 진석이가 두 장소를 왕복할 때의 평균속력은 얼마인가? 두 속력의 산술평균은 시속 $\frac{12+6}{2}=9$km이고, 기하평균

1 마찬가지로 a, b, c가 등차수열의 인접한 세 항이면 b는 a와 c의 산술평균이 되고, 세 양수 a, b, c가 등비수열의 인접한 세 항이면 b는 a와 c의 기하평균이 된다.

은 시속 $\sqrt{12\times 6}=6\sqrt{2}=8.485...$km이며, 조화평균은 시속 $\dfrac{2}{\dfrac{1}{12}+\dfrac{1}{6}}=$ 8km이다. 여기에서 진석이의 평균속력은 조화평균인 시속 8km이다. 이를 확인해보자.

학교와 집 사이의 거리를 Lkm라 두자. 그러면 진석이가 학교에서 집으로 갈 때 걸린 시간은 $\dfrac{L}{12}$시간이고, 집에서 학교로 돌아올 때 걸린 시간은 $\dfrac{L}{6}$시간이 된다. 결국 진석이는 $2L$km를 $\dfrac{L}{12}+\dfrac{L}{6}$시간에 이동한 것이기 때문에, 평균속력은 시속

$$\frac{2L}{\dfrac{L}{12}+\dfrac{L}{6}}=\frac{2}{\dfrac{1}{12}+\dfrac{1}{6}}=8\text{km}$$

이 된다.

일반적으로 일정한 거리를 각각 시속 $x_1, x_2, \cdots, x_n$로 n번 이동했을 때의 평균속력은 n개의 속력들의 조화평균이 된다.

참고 일반적으로 평균들 사이에는

(조화평균) ≤ (기하평균) ≤ (산술평균)

이 성립한다. 구체적으로 식으로 쓰면, n개의 양수 $x_1, x_2, \cdots, x_n$에 대하여

$$\frac{n}{\dfrac{1}{x_1}+\dfrac{1}{x_2}+\cdots+\dfrac{1}{x_n}}\le (x_1x_2\cdots x_n)^{\frac{1}{n}}\le \frac{x_1+x_2+\cdots+x_n}{n}$$

이 항상 성립한다.

1.2 심프슨의 역설

(산술)평균은 가장 중요하고 널리 사용되는 대푯값이지만, 여러 가지 위험한 성질들을 가지고 있기 때문에 항상 조심해서 다루어야 한다. 예를 들어 만일 데이터에 다른 값에 비해 현저히 크거나 작은 값이 있다면 평균은 왜곡된다. 실제로 다음 열 개의 자연수

$$1,\ 2,\ 3,\ 4,\ 5,\ 6,\ 7,\ 8,\ 9,\ 10000$$

의 평균은 1004.5이지만, 이 평균값이 열 개의 자연수의 중심을 대표한다고 볼 수는 없다. 이러한 이유로 통계학에서는 다양한 대푯값을 정의하고 있으며, 자료를 해석할 때에는 여러 가지 대푯값을 참고하여 결론을 내려야 한다.

다양한 대푯값에 대해서는 다음 장에 본격적으로 다루고자 한다. 이번 장에는 평균과 관련하여 특별히 조심해야 하는 심프슨(Simpson, 1922~2019)의 역설을 살펴본다.

사례 1 불경기로 모든 사람들의 소득이 감소하였으나, 고소득자와 저소득자들의 평균은 모두 증가하였다. 이러한 일이 가능할까?

논의를 간단히 하기 위해 사람 수를 네 명으로 제한하고, 연소득이 5,000만원 초과인 사람을 고소득자, 연소득이 5,000만원 이하인 사람을 저소득자라고 하자. 불경기로 모든 이의 소득이 20% 감소하였다고 가정했을 때, 아래는 네 명의 소득이 감소하기 전과 후의 소득 비교표이다.

고소득자	A	1억 4,000만원
	B	6,000만원
저소득자	C	3,000만원
	D	2,000만원

⇒
(불경기로 소득 20% 감소)

고소득자	A	1억 1,200만원
저소득자	B	4,800만원
	C	2,400만원
	D	1,600만원

불경기 이전 고소득자의 소득 평균은 1억이고, 저소득자의 소득 평균은 2,500만원이었으나, 불경기 후 고소득자의 소득 평균은 1억 1,200만원으로 증가하였고, 저소득자의 소득 평균도 2,933.33…만원으로 증가하였다. 이러한 일이 생긴 이유는 무엇인가?

바로 B 때문이다. 불경기 이전에 B는 고소득자의 하위에 위치하여 고소득자의 평균을 낮추는 역할을 하고 있었으나, 불경기 이후에 B는 저소득자의 상위에 위치하여 저소득자의 평균을 높이는 역할을 하게 되었다.

[심프슨의 역설] 집단 전체의 성질과, 나누어진 집단의 성질은 서로 다를 수 있다.

심프슨의 역설이 성적에 적용된 예를 생각해보자. 1학기 교양수학 수강생들의 기말고사 성적 평균이 2학기 수강생들의 평균보다 낮다고 하자. 이때 B0학점 이상 받은 학생들과 C+학점 이하를 받은 학생들로 나누어 성적 평균을 계산한 결과 각 집단에서 1학기 평균이 모두 2학기보다 높아지는 상황이 생길 수 있다. 만일 이러한 상황이 발생했다면, B0학점 이상을 받은 학생들과 C+학점 이하를 받은 학생들의 비율이 1학기와 2학기가 서로 다르다는 것을 알 수 있다.

사례 2 다음은 미국 대학에서 재학생들을 대상으로 평가한 어떤 영어시험 성적의 평균이다. 여기에서 미국인과 유학생 모두 2000년 대비 2020년에 시험 성적 평균이 상승하였으나, 전체 성적 평균은 오히려 감소하게 되었다. 어떻게 이러한 일이 생길 수 있는가?

	2000년	2020년
미국인 평균	90	94
유학생 평균	60	70
전체 평균	84	82

이러한 일이 생긴 이유는 바로 유학생의 비중이 높아졌기 때문이다. 2000년에는 미국인이 재학생의 80%, 유학생이 재학생의 20%였다가, 2020년에는 유학생 비중이 높아져서 미국인과 유학생 비율이 모두 50%가 된다면 위와 같은 전체 평균이 나오게 된다.

사례 1에서 만일 고소득자와 저소득자의 소득이 증가한 것을 보고, 불경기 이후에 모든 이들이 풍요로워졌다고 해석한다면 적절한 것일까? **사례 2**에서 전체 영어시험 평균이 떨어진 것을 보고, 2020년에 학생들의 영어 실력이 감소했다고 해석한다면 적절한 것일까? 당연히 이러한 해석은 모두 적절치 못하다.

사례 1의 경우는 구간을 나누지 않은 전체 데이터를 기반으로, 모든 이들의 생활이 어려워졌다는 해석을 내려야 한다. **사례 2**의 경우는 미국인과 유학생을 구분한 데이터를 기반으로, 학생들의 영어 성적이 이전보다 향상되었다는 해석을 내려야 한다.

그러므로 **사례 1**은 집단을 나누지 않고 데이터를 해석해야 하고, **사례 2**는 집단을 나누고 데이터를 해석하는 것이 적절하다. 그러면 해석을 할 때 집단을 나눌지 여부를 판단해주는 기준은 무엇일까? 불행하게도 모든 상황에 적용할 수 있는 적절한 판단기준은 존재하지 않는다. 그렇기 때문에 통계 데이터를 해석하는 사람들은 최대한 다양한 통계량들을 구한 후, 이러한 값들이 공통적으로 보이는 경향성에 주목하여 데이터를 해석한다. 이러한 이유로 통계 데이터 해석은 개인의 가치관이나 선입견의 영향을 받을 수 있으며, 이러한 영향을 받지 않고 데이터를 최대한 객관적이고 정확하게 해석하기 위해서는 특별한 훈련을 받기도 한다. 일반적으로 통계 전문가들은 이러한 훈련을 수료한 이들이다.

1.3 심프슨의 역설의 실제 사례

심프슨의 역설과 관련하여, 수학자 캐시 오닐(Cathy O'Neil)이 쓴 《대량살상 수학무기(Weapons of Math Destruction)》라는 책에 등장하는 실제 사례를 하나 소개하겠다.

1983년 미국의 대통령 직속 위원회에서는 〈위기의 국가: 시급한 교육개혁(A Nation at Risk: The Imperative for Educational Reform)〉이라는 보고서를 발표하였다. 이 보고서는 미국의 공교육이 실패했다는 진단을 내렸는데, 이에 대한 가장 주목할 만한 근거로 학생들의 SAT 점수의 하락을 들었다. 1963년부터 1980년 사이에 어휘력 점수 평균은 50점, 수학 점수평균은 40점[2]이나 떨어졌으며, 이에 대한 책임이 교사들에게 있기 때문에 무능하고 불량한 교사들을 색출해야 한다고 주장하였다.

하지만 보고서가 발간되고 7년이 지난 후에, 이 보고서에 심각한 통계적 오류가 있다는 것이 발표되었다. SAT 점수가 20년간 하락한 것은 맞지만, 그동안 SAT 응시자 수가 크게 증가하였다는 사실은 간과한 것이었다. 그 기간에 대학들은 대학 정원을 늘리며 경제적 빈곤층과 소수 인종 학생들을 더 많이 받아들이기 시작하였는데, 이들 취약계층 학생들 때문에 전체

2 각 영역은 800점 만점이다.

SAT 평균 점수가 하락하게 된 것이었다. 하지만 SAT 응시자들을 소득 수준에 따라 나누어 평균 점수의 변화를 관찰한 결과, 모든 소득 계층에서 평균 점수가 상승했다는 사실이 밝혀졌다.

결국 잘못된 통계 해석으로 인해 미국 공교육을 담당하는 교사들이 부당한 평가를 받고 피해를 본 것이다. 이렇게 통계 자료들은 적절하게 해석되지 않으면 상황에 대한 판단을 왜곡시켜 심각한 피해를 끼치기도 한다. 캐시 오닐은 이렇게 다수의 사람들에게 피해를 끼치는 왜곡된 통계 데이터 사용을 "대량살상 수학무기"라 이름 붙였는데, 그녀의 책에는 이에 대한 더 많은 예들이 소개되어 있다.

PART 02

기초통계량

통계학에는 데이터들의 다양한 측면을 기술하는 수많은 통계량이 있다. 이러한 통계량을 기초통계량(basic statistics)이라 부르며, 기초통계량을 다루는 통계학을 기술통계학(descriptive statistics)이라 부른다.

2.1 대푯값

데이터의 중심을 나타내는 대푯값(representative value)으로 가장 널리 쓰이는 것은 평균이다. 하지만 평균은 소수의 극단적인 값들에 큰 영향을 받는 단점이 있기 때문에, 평균의 부족한 부분을 채우기 위해 다른 값들을 추가로 정의하여 사용한다.

정의 2.1 n개의 데이터를 크기 순서로 정렬하였을 때 한가운데 오는 값을 **중앙값**(median)이라 정의한다. 데이터 중에서 가장 자주 등장하는 값을 **최빈값**(mode)이라 정의한다.

예 2-1 5개의 데이터 [2, 5, 6, 9, 11]의 중앙값은 6이다. 6개의 데이터 [2, 5, 6, 9, 11, 27]의 가운데 오는 값은 두 개, 6과 9이다. 이러한 경우에는 두 값의 평균 $\frac{6+9}{2}=7.5$를 중앙값으로 정의한다.

예 2-2 10개의 데이터 [1, 2, 3, 3, 4, 5, 6, 7, 8, 9]의 최빈값은 3이다. 데이터에 따라서는 최빈값이 두 개 이상 존재할 수도 있는데, 예를 들어 [1, 1, 2, 3, 3, 5, 7, 7, 9, 10]은 최빈값이 1, 3, 7이다.

일반적으로 중앙값은 소수의 극단적인 값에 영향을 받지 않는다. 예를 들어, 1장에서 보았던 10개의 데이터 [1, 2, 3, 4, 5, 6, 7, 8, 9, 10000]의 평균은 1004.5이지만, 중앙값은 5.5이다. 하지만 데이터의 분포에 따라서는 중앙값보다는 평균이 더 중심에 적합할 수도 있는데, 예를 들어 7개의 데이터 [1, 1, 1, 1, 3, 4, 6]의 중앙값은 1이지만 평균은 2.43...이기 때문에, 여기에서는 평균이 데이터들의 중심을 더 잘 표현하고 있다.

최빈값은 데이터의 값이 너무 다양하지 않을 때 사용한다. 만일 데이터의 값이 너무 다양하거나 데이터가 연속량인 경우에는, 자료들에 대한 도수분포표를 구한 후 최대 도수 구간의 중간값을 최빈값으로 정의하기도 한다.

2.2 산포도

데이터의 분포가 중심으로부터 얼마나 흩어져 있는지를 나타내는 값을 **산포도**(degree of scattering)라고 한다. 산포도로 가장 많이 쓰이는 것은 표준편차이지만, 학교수학에 등장하지 않는 다른 산포도들도 실제 통계 분석을 할 때 많이 사용되기 때문에 알아둘 필요가 있다.

정의 2.2 데이터 $x_1, x_2, \cdots, x_n$의 평균을 $\overline{x}$라 둘 때, $x_1 - \overline{x}$, $x_2 - \overline{x}$, $\cdots$, $x_n - \overline{x}$을 **편차**(deviation)라 한다. 편차의 제곱의 평균을 **분산**(variance)이라 정의하고, 분산의 양의 제곱근을 **표준편차**(standard deviation)라 정의한다. 보통 표준편차를 σ, 분산을 σ^2으로 표기한다. 이 정의들을 수식으로 표현하면

$$\sigma^2 = \frac{1}{n}\sum_{k=1}^{n}(x_k - \overline{x})^2, \quad \sigma = \sqrt{\frac{1}{n}\sum_{k=1}^{n}(x_k - \overline{x})^2}$$

이 된다.

평균의 정의로부터 편차의 합을 구하면

$$\sum_{k=1}^{n}(x_k - \overline{x}) = \sum_{k=1}^{n} x_k - n\overline{x} = \sum_{k=1}^{n} x_k - \sum_{k=1}^{n} x_k = 0$$

이 성립하므로, 편차의 합은 산포도가 될 수 없다. 이러한 이유로 편차의 제곱의 합을 분산이라는 산포도로 정의하고 있으나, 분산은 좋은 산포도라 할 수 없다. 왜냐하면, 데이터들이 모두 2배 커지게 되어 $2x_1, 2x_2, \cdots, 2x_n$가 된다면 평균도 2배인 $2\overline{x}$가 되기 때문에 편차도 2배가 되지만, 분산은 4배만큼 커지게 된다. 좋은 산포도라면 편차가 2배 커졌을 때 그 값이 2배만큼 커져야 하기 때문에, 분산보다는 표준편차가 더 좋은 산포도라 할 수 있다.

분산보다는 덜 유명하지만 편차의 절댓값의 평균도 **평균절대편차**(average absolute deviation)라는 산포도로 정의하여 사용한다. 줄여서 **절대편차**라고도 부르며 기호로 AAD로 표기하는데, 구체적인 공식은 아래와 같다.

$$AAD = \frac{1}{n}\sum_{k=1}^{n}\left| x_k - \overline{x}\right|$$

참고 통계학에서는 표준편차를 평균절대편차보다 더 많이 사용한다. 표준편차가 더 보편적으로 쓰이는 이유에 대해서는 여러 가지 설명이 가능하지만, 그 중 한 가지로 아래와 같은 함수들을 생각힐 수 있다.

$$f(x) = \sum_{k=1}^{n}(x_k - x)^2, \quad g(x) = \sum_{k=1}^{n}\left| x_k - x\right|$$

위의 두 함수를 모두 손실함수(cost function)라 부르는데, $f(x)$는 미분가능한 함수이기 때문에 다루기 편한 반면, $g(x)$는 미분불가능하기 때문에 불편할 때가 있다. 그리고 $f(x)$의 최솟값은 x가 평균 $\overline{x}$일 때 $f(\overline{x})$이고, 이 최솟값이 표준편차 $\sqrt{\frac{f(\overline{x})}{n}}$에 사용된다. 그리고 $g(x)$의 최솟값은 x가 $x_1, x_2, \cdots, x_n$의 중앙값 c일 때 $g(c)$이지만, 이 최솟값은 평균절대편차 $\frac{g(\overline{x})}{n}$에 사용되지 않으므로 약간 부자연스러운 측면이 있다.

하지만 통계 분석을 정밀하게 진행할 필요가 있는 상황에서는 보통 표준편차와 평균절대편차를 모두 구하여 활용하는 경우가 많으며, 표준편차를 평균절대편차보다 더 선호해야 하는 절대적인 이유가 있는 것은 아니다.

정의 2.3 n개의 데이터를 크기 순서로 정렬하였을 때 $\frac{1}{4}$ 위치에 오는 값을 **제1사분위수** Q_1, $\frac{1}{2}$ 위치에 오는 값을 **제2사분위수**(또는 중앙값) Q_2, $\frac{3}{4}$ 위치에 오는 값을 **제3사분위수** Q_3으로 정의한다. 그리고 **사분위범위**(interquartile range)를 $Q_3 - Q_1$으로 정의하고, 기호로 IQR라 쓴다.

사분위수(quartile)의 정의에 등장하는 $\frac{1}{4}$, $\frac{3}{4}$ 위치라는 표현은 모호할 때가 많다. 예를 들어

$$4,\ 8,\ 9,\ 11,\ 11,\ 13,\ 16,\ 18,\ 20,\ 25$$

와 같이 10개의 데이터가 있을 때, $\frac{1}{4}$ 위치와 $\frac{3}{4}$ 위치는 명확하게 결정하기 어렵다. 그래서 책에 따라서 사분위수 위치가 약간씩 다른 경우가 있으며, 혼란을 막기 위해 다음과 같은 공식으로 명확히 제시하는 책도 있다.

[공식] 데이터의 개수가 n일 때, Q_1의 위치는 $0.25\times(n+1)$번째 자리이고, Q_3의 위치는 $0.75\times(n+1)$번째 자리이다. 여기에서 $0.25\times(n+1)$와 $0.75\times(n+1)$이 자연수가 아닌 경우에는 인접한 두 수 사이의 보간법(interpolation)[1]을 사용하여 Q_1과 Q_3를 정의한다.

예 2-3 10개의 데이터 [4, 8, 9, 11, 11, 13, 16, 18, 20, 25]에 대하여 Q_1의 위치는 $0.25\times 11 = 2.75$이고, Q_3의 위치는 $0.75\times 11 = 8.25$이다. 그러므로 Q_1은 2번째 수인 8과 3번째 수인 9를 보간하여 다음과 같이 구한다.

$$Q_1 = 8 + 0.75\times(9-8) = 8.75$$

마찬가지로 Q_3는 8번째 수인 18과 9번째 수인 20을 보간하여 다음과 같이 구한다.

$$Q_3 = 18 + 0.25\times(20-18) = 18.5$$

예 2-4 보간법을 사용하지 않고 Q_1과 Q_3의 위치를 정의하는 책도 있다. 이들은 만일 $0.25\times(n+1)$과 $0.75\times(n+1)$의 소수점이 0.25나 0.75인 경우에는 반올림을 하고, 0.5인 경우에는 양쪽 값의 평균을 구한다. 예를 들어 10개의 데이터 [4, 8, 9, 11, 11, 13, 16, 18, 20, 25]에 대하여 Q_1의 위치는 2.75를 반올림한 3번째로, Q_3의 위치는 8.25를 반올림한 8번째

1 예를 들어 4번째 데이터가 x_4, 5번째 데이터가 x_5일 때, 위치가 4.25인 수는 수직선에서 x_4와 x_5를 $0.25:0.75$로 내분하는 값인 $0.75x_4+0.25x_5=x_4+0.25(x_5-x_4)$이고, 위치가 4.75인 수는 x_4와 x_5를 $0.75:0.25$로 내분하는 값인 $0.25x_4+0.75x_5=x_4+0.75(x_5-x_4)$이다. 이렇게 내분점으로 중간 위치의 수를 구하는 방법을 보간법이라 하며, [부록 1]에서 자세히 다루었다.

로 두어, $Q_1 = 9$, $Q_3 = 18$이라 정의할 수도 있다. 이 값들은 **예 2.3**에서 구한 값과 크게 차이가 나지 않기 때문에, 어느 값을 사용해도 자료 해석에는 큰 차이가 나지 않는다.

예 2-5 9개의 데이터 [4, 8, 9, 11, 13, 16, 18, 20, 25]에 대하여 Q_1의 위치는 $0.25 \times 10 = 2.5$이고 Q_3의 위치는 $0.75 \times 10 = 7.5$이다. 그러므로 이 경우는 **예 2.3**의 방법이나 **예 2.4**의 방법이 모두 동일한 값을 주는데,

$$Q_1 = \frac{8+9}{2} = 8.5, \quad Q_3 = \frac{18+20}{2} = 19$$

이 된다. 일반적으로 데이터 개수가 홀수 개이면, 보간법을 사용하는 **예 2.3**의 방법과 보간법을 사용하지 않는 **예 2.4**의 방법이 동일한 값을 갖게 된다.

예 2-6 사분위범위는 표준편차 다음으로 많이 쓰이는 산포도이다. 위의 예들에서 사분위범위를 구해보면, **예 2.3**에서는

$$IQR = Q_3 - Q_1 = 18.5 - 8.75 = 9.75$$

이고, **예 2.4**에서는

$$IQR = Q_3 - Q_1 = 18 - 9 = 9$$

이다. 사분위수의 정의가 책마다 조금씩 다르기 때문에, 이에 따라 사분위범위의 값도 조금씩 달라지기도 한다. **예 2.5**의 경우 사분위범위는

$$IQR = Q_3 - Q_1 = 19 - 8.5 = 10.5$$

이다.

2.3 상자 수염 그림

상자 수염 그림(box plot)은 사분위수와 사분위범위 등을 그림으로 표현한 것이다. 간단히 줄여서 **상자 그림**이라고도 부르는데, 이 그림을 그리기 위해서는 먼저 사분위수 Q_1, Q_3와 사분위범위 IQR을 이용하여 다음 값들을 구한다.

$$\text{아래 울타리}: \ Q_1 - 1.5 \times IQR$$
$$\text{위 울타리}: \ Q_3 + 1.5 \times IQR$$

상자 수염 그림을 그리기 위해서는 먼저 측정값을 표현할 수직선을 그린 후, 수직선 위에 아래 그림과 같이 상자와 수염을 그린다. 여기에서 상자의 세로선은 사분위수들을 나타내고, 수염의 양 끝은 아래 울타리와 위 울타리 사이에 놓인 데이터들의 최솟값과 최댓값을 나타낸다. 아래 울타리와 위 울타리는 그림에 표시하지 않지만, 울타리를 벗어난 값들은 따로 *로 표시해둔다.

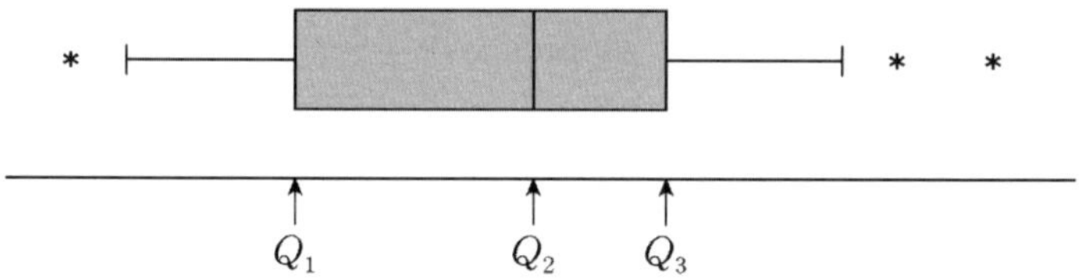

예 2-7 9개의 데이터 [20, 26, 29, 30, 32, 33, 34, 36, 48]에 대해 상자 수염 그림을 그려보자. Q_1, Q_2, Q_3의 위치는 각각

$$0.25 \times 10 = 2.5, \ 0.5 \times 10 = 5, \ 0.75 \times 10 = 7.5$$

이므로

$$Q_1 = 27.5,\ \ Q_2 = 32,\ \ Q_3 = 35$$

이다. $IQR = Q_3 - Q_1 = 7.5$이므로, 아래 울타리는

$$Q_1 - 1.5 \times IQR = 27.5 - 1.5 \times 7.5 = 16.25$$

이고 위 울타리는

$$Q_3 + 1.5 \times IQR = 35 + 1.5 \times 7.5 = 46.25$$

이다. 이로부터 상자 수염 그림을 그리면 아래와 같다.

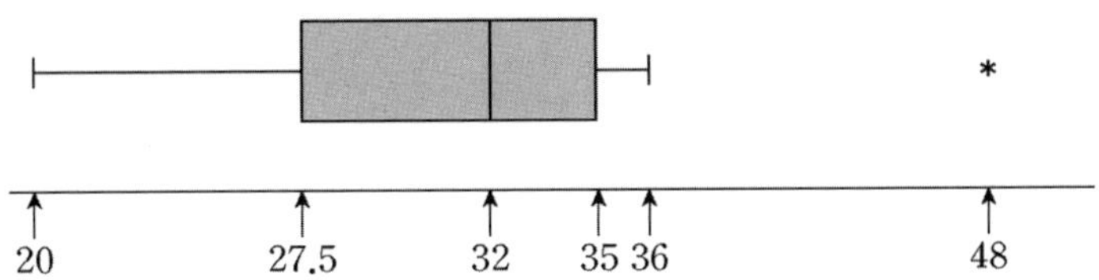

상자 수염 그림에서 울타리를 벗어난 값을 **이상점**(outlier)이라 부르는데, 이는 기존의 데이터들과 현저히 차이가 나는 특이한 데이터를 의미한다. 위의 **예 2.7**에서는 48이 이상점인데, 일반적으로 데이터에 이상점이 있다면 평균과 표준편차와 같은 통계량들이 왜곡될 수 있기 때문에, 이러한 경우 왜 이상점이 발생했는지에 대한 검토를 할 필요가 있다.

데이터를 다루는 많은 컴퓨터 프로그램(예를 들면 Excel이나 R)에는 상자 수염 그림을 그리는 간단한 명령어가 존재한다. 이러한 프로그램에서는 상자 수염 그림에 추가적으로 데이터들의 평균값을 표시해주기도 하는데, 예를 들어 Excel에서는 평균을 상자 그림 안에 × 기호로 표시해준다. 그리고 상자 수염 그림을 가로가 아닌 세로로 그리는 경우도 있다. 독자들을 위해 이 책의 [부록 2]에서 Excel을 활용해 상자 수염 그림을 그리는 방법을 소개하였다.

2.4 상관계수

학생들의 국어 성적과 수학 성적은 서로 관련이 있을까? 국어 성적이 높은 학생이 수학 성적도 높다고 할 수 있을까? 이렇게 두 종류의 데이터들을 서로 비교하기 위해서, 데이터들을 순서쌍 (x_1, y_1), (x_2, y_2), $\cdots$, (x_n, y_n)으로 모은 후 좌표평면에 아래와 같이 점으로 표현한 그래프를 **산점도**(scatter plot)라 한다. 독자들은 이미 중학교 수학에서 데이터들 사이의 양의 상관관계, 음의 상관관계, 그리고 서로 관계가 없는 경우를 다룬 것을 기억할 것이다.

1. 강한 양의 상관관계

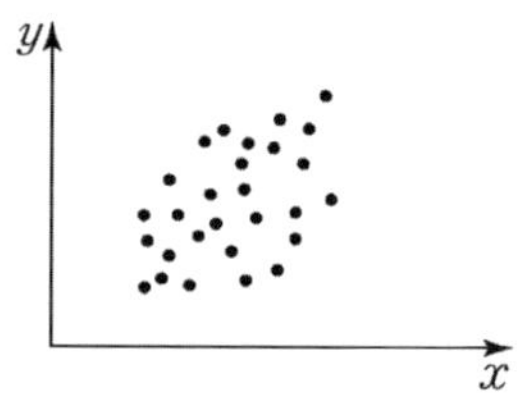

2. 약한 양의 상관관계

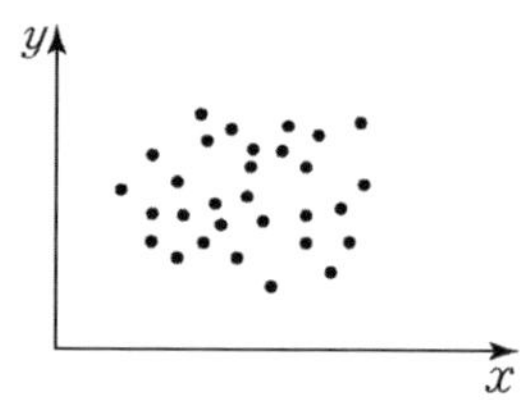

3. 상관관계 없음

4. 약한 음의 상관관계

5. 강한 음의 상관관계

여기에서는 이러한 상관관계를 구체적인 수치로 나타내는 방법을 알아본다.

정의 2.4 데이터들의 순서쌍 $(x_1, y_1), (x_2, y_2), \cdots, (x_n, y_n)$에 대하여, $x_1, x_2, \cdots, x_n$ 평균을 $\overline{x}$, $y_1, y_2, \cdots, y_n$의 평균을 $\overline{y}$라 둘 때, 이 데이터들의 **상관계수**(correlation coefficient) r을 다음과 같이 정의한다.

$$r = \frac{\sum_{k=1}^{n}(x_k - \overline{x})(y_k - \overline{y})}{\sqrt{\sum_{k=1}^{n}(x_k - \overline{x})^2}\sqrt{\sum_{k=1}^{n}(y_k - \overline{y})^2}}$$

상관계수 r은 $-1 \le r \le 1$을 만족하며, r이 1에 가까울수록 데이터들은 강한 양의 상관관계에 있고, -1에 가까울수록 강한 음의 상관관계에 있다. 만일 r이 0에 가깝다면 데이터들은 상관관계가 거의 없다고 할 수 있다.

예 2-8 네 명의 학생의 국어 성적과 수학 성적이 다음과 같다.

(국어 성적, 수학 성적) : (10, 9), (9, 10), (6, 7), (5, 8)

이때 국어 성적과 수학 성적 사이의 상관계수는 다음과 같이 구할 수 있다. 국어 성적 평균은 $\overline{x} = 7.5$이고, 수학 성적 평균은 $\overline{y} = 8.5$이므로 두 성적의 상관계수 r은 아래 표로부터

(x_k, y_k)	$x_k - \overline{x}$	$y_k - \overline{y}$
(10,9)	2.5	0.5
(9,10)	1.5	1.5
(6,7)	-1.5	-1.5
(5,8)	-2.5	-0.5

$$r = \frac{2.5 \times 0.5 + 1.5 \times 1.5 + (-1.5) \times (-1.5) + (-2.5) \times (-0.5)}{\sqrt{2.5^2 + 1.5^2 + (-1.5)^2 + (-2.5)^2}\sqrt{0.5^2 + 1.5^2 + (-1.5)^2 + (-0.5)^2}}$$

$$= 0.759...$$

이다. 이로부터 국어 성적과 수학 성적은 강한 양의 상관관계에 있음을 알 수 있다.

참고 상관계수 공식은 n차원 벡터의 내적을 이용하면 간단하게 표현할 수 있다.

데이터 $(x_1, y_1), (x_2, y_2), \cdots, (x_n, y_n)$에 대하여, 다음과 같은 두 n차원 벡터 $\vec{v}, \vec{w}$를 생각한다.

$$\vec{v} = (x_1 - \bar{x}, x_2 - \bar{x}, \cdots, x_n - \bar{x}), \ \vec{w} = (y_1 - \bar{y}, y_2 - \bar{y}, \cdots, y_n - \bar{y})$$

이 두 벡터가 n차원 유클리드 공간 $\mathbb{R}^n$에서 이루는 각을 θ라 두었을 때, 상관계수 r은

$$r = \cos\theta = \frac{\vec{v} \cdot \vec{w}}{|\vec{v}|\,|\vec{w}|}$$

로 정의한다. 여기에서 두 벡터 $\vec{v}, \vec{w}$의 방향이 거의 비슷하면 θ가 $0°$에 가깝기 때문에 강한 양의 상관관계, 거의 반대이면 θ가 $180°$에 가깝기 때문에 강한 음의 상관관계가 되며, 거의 수직이 되면 θ가 $90°$에 가깝기 때문에 상관관계가 없게 된다.

최근 주목받고 있는 인공지능을 위한 수학에서는 일반적으로 상관계수를 코사인유사도라고 부르기도 한다.

교육통계학에서는 시험 문항의 **변별도**라는 개념을 정의한다. 변별도란 특정 문항이 시험에서 어느 정도 변별력을 가졌는지를 보여주는 지표로, 상위성적 학생들이 많이 맞추고 하위성적 학생들이 많이 틀릴수록 높아진다. 시험 문항의 변별도는 다양한 방법으로 정의할 수 있는데, 가장 간단하게는 학생들의 특정 문항 점수와 시험 총점 사이의 상관계수로도 정의할 수

있다. 상관계수는 Excel에서 간단한 함수를 통해 쉽게 구할 수 있기 때문에, 상관계수의 개념을 이해하는 교사라면 쉽게 시험 문항들의 변별도를 계산할 수 있을 것이다.

PART 03

확률의 정의

3.1 확률의 정의

앞으로 확률의 다양한 역설들을 이해하기 위해서는 먼저 가장 기본이 되는 개념들을 정확하게 이해하고 있어야 한다. 기본적인 정의부터 살펴보자.

정의 3.1 일어날 수 있는 시행의 결과들을 모아둔 집합 S를 **표본공간**(sampling space)이라 하고, 표본공간의 부분집합 A(즉 $A \subset S$)를 **사건**(event)이라 한다. 원소가 하나뿐인 사건을 **근원사건**(elementary event)이라 한다. 표본공간 전체인 사건을 **전사건**(total event), 공집합인 사건을 **공사건**(empty event)이라 한다.

사건 A의 확률 $\mathrm{P}(A)$는 다음과 같이 구할 수 있다. 여기에서 $n(A)$는 집합 A의 원소 개수를 의미한다.

$$\mathrm{P}(A) = \frac{n(A)}{n(S)}$$

고등학교 교과서를 꼼꼼하게 읽어보지 않은 사람은 위의 식에서 빠진 부분을 찾기 쉽지 않을 것이다. 먼저 이미 충분히 익숙할만한 문제부터 살펴보자.

문제 3.1 서로 다른 두 주사위를 던졌을 때 나온 두 눈이 모두 1일 확률을 구하시오.

풀이 이 시행의 표본공간은 다음과 같다.

$$
\begin{aligned}
\{ &(1,1), (1,2), (1,3), (1,4), (1,5), (1,6),\\
&(2,1), (2,2), (2,3), (2,4), (2,5), (2,6),\\
&(3,1), (3,2), (3,3), (3,4), (3,5), (3,6),\\
&(4,1), (4,2), (4,3), (4,4), (4,5), (4,6),\\
&(5,1), (5,2), (5,3), (5,4), (5,5), (5,6),\\
&(6,1), (6,2), (6,3), (6,4), (6,5), (6,6) \}
\end{aligned}
$$

여기에서 두 눈이 모두 1이 되는 사건은 $\{(1,1)\}$이므로, 확률은 $\frac{1}{36}$이다. ▣

이 문제를 다음과 같이 조금 변형해보자.

문제 3.2 **서로 구분할 수 없는** 두 주사위를 던졌을 때 나온 두 눈이 모두 1일 확률을 구하시오.

풀이 이 경우 주사위를 구분할 수 없기 때문에, **문제 3.1**의 표본공간에서 $(a,\ b)$와 $(b,\ a)$는 서로 같은 경우가 된다. 이로부터 표본공간을 구해보면 다음과 같다.

$$
\begin{aligned}
\{(1,1), (1,2), (1,3), (1,4), (1,5), (1,6),&\\
(2,2), (2,3), (2,4), (2,5), (2,6),&\\
(3,3), (3,4), (3,5), (3,6),&\\
(4,4), (4,5), (4,6),&\\
(5,5), (5,6),&\\
(6,6)\}&
\end{aligned}
$$

그러므로 표본공간의 원소 개수는 21개이고, 구하고자 하는 확률은 $\frac{1}{21}$이다. ▣

독자들은 위의 **문제 3.2**의 풀이에 이상함이 느껴지는가? 위의 풀이가 옳다고 가정한다면, 두 주사위를 구분할 수 없을 때에는 21번 정도 던졌을 때 한 번 꼴로 두 눈이 모두 1이 나오게 된다. 그런데 여기에서 만일 한 주사위에 색칠을 해서 두 주사위를 구분할 수 있게 된다면, 그때부터는 **문제 3.1**의 풀이에 따라 36번 정도 던졌을 때 한 번 꼴로 두 눈이 모두 1이 나오게 된다. 한 주사위에 색칠을 한다고 이렇게 확률이 갑작스럽게 변할 수 있는 것일까?

이러한 역설이 등장하게 된 것은 사실 확률의 정의를 꼼꼼하게 확인하지 않았기 때문이다. 고등학교 수학 교과서에서는 확률을 다음과 같은 방식으로 정의한다.

정의 3.2 표본공간 S에서 **각각의 근원사건이 일어날 가능성이 모두 같을 때**, 사건 A가 일어날 **확률** $\mathrm{P}(A)$는 다음과 같다.

$$\mathrm{P}(A)=\frac{n(A)}{n(S)}$$

여기에서 **근원사건이 일어날 가능성이 모두 같을 때**라는 가정이 중요하다. 위의 **문제 3.2**의 풀이에 있는 근원사건들은 일어날 가능성이 모두 같지 않다는 문제가 있는데, 예를 들어 근원사건 $\{(1,\ 2)\}$는 근원사건 $\{(1,\ 1)\}$에 비해 일어날 가능성이 두 배 더 크다. 그렇기 때문에 **문제 3.2**의 답은 $\frac{1}{21}$이 될 수 없다.

그러면 **문제 3.2**는 어떻게 해결해야 할까? 근원사건들이 모두 일어날 가능성이 같도록 표본공간을 정의하면 되는데, 이를 위해 두 주사위가 서로 다르다고 가정하면 된다. 즉, **문제 3.2**에서는 주사위를 구분할 수 없다고 하였지만, 확률 문제를 해결할 때에는 **주사위가 서로 다르다고 가정**하고 문제를 해결해야 하며, 결국 **문제 3.2**와 **문제 3.1**은 풀이와 정답이 같다. 이러한 상황은 구분할 수 없는 동전을 던질 때나, 구분할 수 없는 공을 꺼내는 경우도 마찬가지이다. 다음 예를 보자.

문제 3.3 서로 구분할 수 없는 검은 공 3개와 서로 구분할 수 없는 하얀 공 4개가 주머니 안에 있다. 여기에서 공 두 개를 동시에 꺼낼 때, 꺼낸 공이 모두 하얀 공일 확률을 구하시오.

잘못된 풀이 나올 수 있는 모든 경우를 찾아보면

(1) 검정 공 2개, (2) 검정 공 1개와 하얀 공 1개, (3) 하얀 공 2개

이므로, 확률은 $\frac{1}{3}$이다. ▣

올바른 풀이 검은 공 3개가 모두 다르고, 하얀 공 4개도 모두 다르다고 가정하자. 서로 다른 7개의 공에서 2개의 공을 뽑는 경우의 수는 ${}_7C_2$이고, 서로 다른 하얀 공 4개 중에서 2개를 뽑는 경우의 수는 ${}_4C_2$이므로, 구하려는 확률은

$$\frac{{}_4C_2}{{}_7C_2} = \frac{\frac{4\times3}{2}}{\frac{7\times6}{2}} = \frac{2}{7}$$

이다. ▣

여기에서 주의해야 할 것은, 위의 **잘못된 풀이**에서 경우의 수가 3인 것은 틀리지 않았다는 것이다. **문제 3.2**에서도 두 주사위의 눈의 경우의 수는 21이 맞다. 그러므로 **정의 3.2**에서 분모에 들어가는 **표본공간의 원소 개수 $n(S)$는 경우의 수와 다를 수 있다**는 것에 주의해야 한다. 서로 구분할 수 없는 주사위와 공에 대해서는 경우의 수와 $n(S)$가 일치하지 않을 수도 있다.

마지막으로 학교수학에서 경우의 수를 다루는 방식에 대해 언급할 필요가 있다. 혹시 중고등학교에서 경우의 수를 공부할 때, **문제 3.2**와 같이 서

로 구분할 수 없는 주사위를 2개 던지는 경우를 본 적이 있는가? 아마도 **문제 3.2**나 **문제 3.3**의 상황에서 경우의 수를 계산하는 것이 어색하게 느껴진 독자들이 많을 것이다. 사실 중고등학교 수학 교과서에서는 이렇게 **우연에 의하여 좌우되는 사건**에 관한 경우의 수를 구하는 문제는 의도적으로 배제하고 있다. 예를 들면,

① 서로 다른 주사위를 2개 던질 때 나오는 눈의 경우의 수
② 서로 다른 3개의 동전을 던질 때 나오는 경우의 수
③ 10개의 서로 다른 공이 들어 있는 주머니에서 공을 한 개 뽑을 때 나오는 경우의 수

와 같이 우연에 의해 좌우되는 사건은 "경우의 수" 문제로는 등장하지 않고, 항상 "확률" 문제로만 등장한다. 왜 그럴까?

위의 ①의 예를 생각해보자. 두 주사위를 던지는데 이상하게도 한 주사위를 수백 번 던져보아도 6의 눈이 한 번도 나오지 않았다고 가정하자. 이럴 때에도 ①의 경우의 수를 36이라고 할 수 있을까? ②의 경우에도, 동전을 수백 번 던져보아도 한 동전에서 앞면이 한 번도 나오지 않고 있을 때, 과연 이러한 상황에서도 ②의 경우의 수를 8이라고 할 수 있을까? ③의 경우에도, 공을 1개 뽑고 다시 주머니에 넣는 복원추출을 수백 번 시행하였는데 한 공이 한 번도 나오지 않고 있다면, 과연 ③의 경우의 수를 10이라고 할 수 있을까? 혹시라도 한 공이 주머니 가장자리에 끼어서, 아무리 잡으려 해도 잡히지 않는 상황이 생겼다면 전체 경우의 수는 어떻게 되는 것일까?

이렇게 우연에 의해 좌우되는 사건들은 "경우의 수"를 계산할 때 논란이 생길 수 있기 때문에, 교과서에서는 의도적으로 피하고 있다. 하지만 참고서에서는 저자들의 부주의로 우연에 의하여 좌우되는 사건에 대한 경우의 수 문제가 등장하기도 한다.

[발전과제] 1,000장을 발행한 복권에 1등이 1장, 2등이 2장, 3등이 7장, 4등이 10장, 5등이 80장 있다고 하자. 이 복권에서 한 장을 임의로 뽑을 때, 1~5등 중 하나에 당첨될 확률을 학생이 다음과 같이 계산하였다. 이 풀이에 어떤 오류가 있는지를 설명하고, 올바른 풀이를 제시하시오.

학생의 풀이 뽑은 복권의 경우의 수는 아래와 같이 총 6가지이다.

1등, 2등, 3등, 4등, 5등, 꽝

이 중에서 당첨되는 경우는 총 5가지가 있으므로, 확률은 $\frac{5}{6}$이다. ▣

3.2 교수님 자녀들은 모두 딸일까?

문제 3.4 교수님께 두 자녀가 있다고 하자.

① 교수님의 두 자녀 중에 딸이 있다는 이야기를 들었다. 이때, 두 자녀가 모두 딸일 확률은 얼마인가?

② 학교에서 교수님의 딸을 한 명 만났다. 이때, 두 자녀가 모두 딸일 확률은 얼마인가?

놀랍게도 위의 **문제 3.4**의 ①, ②의 풀이와 정답은 서로 다르다. 이야기를 듣는 것과 만나는 것은 서로 다른 표본공간을 결정하기 때문이다. 다음 풀이들을 서로 비교하며 살펴보자.

풀이 ① 교수님의 두 자녀의 성별로 이루어진 표본공간 S는

$$S=\{(\text{아들, 아들}), (\text{아들, 딸}), (\text{딸, 아들}), (\text{딸, 딸})\}$$

이며, 여기에서 근원사건들은 모두 일어날 가능성이 같다. 이때 딸이 있다는 이야기를 들었기 때문에 {(아들, 아들)}인 사건은 일어나지 않으며, 이 경우의 표본공간은 다음과 같이 변한다.

$$S'=\{(\text{아들, 딸}), (\text{딸, 아들}), (\text{딸, 딸})\}$$

그러므로 확률은 $\frac{1}{3}$이다.[1]

② 만나지 못한 자녀가 딸일 확률을 구하면 $\frac{1}{2}$이다. ▣

여기에서 ②번 풀이의 이해를 돕기 위해, 자세한 풀이를 하나 더 소개한다.

②번 별해 만난 자녀는 교수님의 첫째 자녀일 수도 있고, 둘째 자녀일 수도 있다. 여기에서 두 자녀가 모두 딸이 되려면,

(1) 만난 자녀가 첫째이고, 둘째도 딸인 경우
(2) 만난 자녀가 둘째이고, 첫째도 딸인 경우

로 나누어 확률을 구할 수 있다. 만난 자녀가 첫째일 확률은 $\frac{1}{2}$이고 둘째가 딸일 확률도 $\frac{1}{2}$이므로, (1)의 확률은 $\frac{1}{2}\times\frac{1}{2}=\frac{1}{4}$이고 마찬가지로 (2)의 확률도 $\frac{1}{4}$이 된다. 그러므로 구하고자 하는 확률은 $\frac{1}{4}+\frac{1}{4}=\frac{1}{2}$이다. ▣

---

1 5장의 조건부확률을 이용하면 다음과 같은 별해를 얻을 수 있다. A를 교수님께 딸이 있는 사건, B를 교수님의 두 자녀가 모두 딸인 사건이라 두면, $\mathrm{P}(A)=\frac{3}{4}$이고 $\mathrm{P}(B)=\mathrm{P}(A\cap B)=\frac{1}{4}$이므로 $\mathrm{P}(B|A)=\frac{\mathrm{P}(A\cap B)}{\mathrm{P}(A)}=\frac{1}{3}$이다.

위의 ②의 확률이 ①보다 높은 이유는 무엇일까? ②에서 한 명의 자녀의 성별이 딸로 특정되었기 때문이다. 이렇게 자녀가 특정되었을 때 확률이 높아지는 상황을 쉽게 이해할 수 있도록, 다음과 같은 가상적인 상황을 상상해보자.

전국에 있는 교수님들 중에서 자녀가 2명이고 딸이 한 명 이상인 이들을 모두 부산교육대학교 운동장으로 불러 모았다. 전국에 있는 2명의 자녀를 가진 교수님의 수를 N명이라 두면, $\frac{N}{4}$명은 두 자녀가 모두 아들이기 때문에 부산교육대학교 운동장에 오지 못하였고, 운동장에는 $\frac{3}{4}N$명의 교수님들이 모이게 된다. 이들 중 두 자녀가 모두 딸인 교수님들의 수는 $\frac{N}{4}$명이기 때문에, 운동장에 모인 교수님들 중에서 임의로 한 명을 뽑았을 때 두 자녀가 모두 딸일 확률은 $\frac{1}{3}$이 됨을 알 수 있다.

이제 운동장에 모인 모든 교수님들이 한 명씩 나와서 자신의 딸 한 명을 부산교육대학교 학생들에게 소개한다고 상상해보자. 그러면 딸이 한 명만

있는 $\frac{N}{2}$명의 교수님들은 자신의 유일한 딸만 소개하고 운동장으로 돌아오게 된다. 하지만 두 명의 딸을 가진 $\frac{N}{4}$명의 교수님들은 학생들에게 나와 딸을 한 명 소개한 후 운동장으로 돌아왔다가, 후에 다시 나와서 학생들에게 자신의 다른 딸을 소개한 후 운동장으로 돌아오게 된다. 결국 부산교육대학교 학생들은 교수님들께 총 $\frac{N}{2}+2\times\frac{N}{4}=N$회 딸을 소개받게 되며, 이 횟수의 절반인 $2\times\frac{N}{4}=\frac{N}{2}$회는 두 자녀가 모두 딸인 교수님이 자신의 딸을 한 명 소개한 횟수가 된다. 그러므로 교수님이 자신의 딸을 한 명 소개했을 때, 교수님의 두 자녀가 모두 딸일 확률은 $\frac{1}{2}$임을 알 수 있다.

이 문제를 고민하다 보면 마술사이자 통계학자인 퍼시 디아코니스(Persi Diaconis, 1945~)가 말한 다음 이야기에 공감을 하게 될 것이다.

"인간의 두뇌는 확률 문제를 푸는 데 별로 적합하지 않다."

PART 04

기댓값의 역설

4.1 기댓값의 정의

어떤 시행에서 표본공간의 각 원소에 하나의 실수를 대응시켜 주는 것을 **확률변수**(random variable)라 한다. 확률변수에 근원사건의 확률값을 대응시킨 것을 **확률분포**(probability distribution)라 하고, 이를 표로 나타낸 것을 **확률분포표**라 한다. 확률변수 X에 대하여 $X=x_i\ (i=1, 2, \cdots, n)$일 확률이 p_i일 때, 확률분포표는 다음과 같이 나타낸다.

X	x_1	x_2	x_3	$\cdots$	x_n	합계
$\mathrm{P}(X=x_i)$	p_1	p_2	p_3	$\cdots$	p_n	1

위의 확률분포의 **기댓값**(expectation value) $\mathrm{E}(X)$는 다음과 같이 정의한다.

$$\mathrm{E}(X)=x_1p_1+x_2p_2+\cdots+x_np_n$$

예 4-1 주사위를 2개 던졌을 때 나오는 눈의 합을 확률변수 X라 둘 때, 확률분포표를 구하면 다음과 같다.

X	2	3	4	5	6	7	8	9	10	11	12	합계
P(X)	$\frac{1}{36}$	$\frac{2}{36}$	$\frac{3}{36}$	$\frac{4}{36}$	$\frac{5}{36}$	$\frac{6}{36}$	$\frac{5}{36}$	$\frac{4}{36}$	$\frac{3}{36}$	$\frac{2}{36}$	$\frac{1}{36}$	1

여기에서 기댓값을 구하면

$$\mathrm{E}(X)=2\times\frac{1}{36}+3\times\frac{2}{36}+\cdots+11\times\frac{2}{36}+12\times\frac{1}{36}=\frac{252}{36}=7$$

이다.

문제 4.1 두 사람 A와 B가 도박을 하였다. 먼저 3번의 게임을 이기는 사람이 판돈 12만원을 가져가기로 되어 있었으나, A가 2번 이기고 B가 1번 이겼을 때 부득이한 사정으로 도박을 중단하게 되었다. 그러면 판돈 12만원을 어떻게 나누어야 할까?

위의 **문제 4.1**은 확률론의 시작점이 된 문제[1]로 알려져 있다. 이 문제를 해결하는 방법에 대해 수학자 파스칼(Pascal, 1623~1662)과 페르마(Fermat, 1607~1665)가 서로 편지를 주고받으며 논의하였고, 이로부터 확률의 개념과 이론이 형성되었다.

단순히 생각해보면 A가 B보다 2배 더 많이 이겼기 때문에 A가 8만원, B가 4만원을 가져가는 것이 적절하게 보일 수도 있다. 하지만 이 생각은 다음과 같은 상황을 고려해볼 때 그다지 적절하지 못하다. 99번 먼저 이긴 사람이 판돈을 가져가는 도박에서, A가 98번, B가 49번 이겼다고 가정해보자. A가 이긴 횟수는 B가 이긴 횟수의 두 배이기 때문에, 위의 논리에 따르면 A는 B보다 두 배 많은 판돈을 받아가야 한다. 하지만 A는 한 번만 더 이기면 모든 판돈을 받을 수 있고, B는 앞으로 50번을 연달아 이겨야 모든 판돈을 받을 수 있기 때문에, 현재 상황은 A에게 훨씬 유리한 상황이다. 그렇기 때문에 A가 B보다 이긴 횟수가 2배라는 이유로 A와 B의 판돈을 2:1로 나누는 것은 불합리하며, A에게 판돈의 대부분을 배분하는 것이 합리적이다.

파스칼과 페르마는 **문제 4.1**에 대해 같은 답을 주는 서로 다른 풀이를 각각 제시하였는데, 이 풀이들의 핵심은 다음과 같이 각자의 기댓값으로 판돈을 나누는 것이었다.

---

1 독자들의 이해를 돕기 위해 판돈을 한국 돈으로 바꾸었다. 원 문제의 판돈은 32피스톨이다.

풀이 B가 판돈을 모두 가져가려면 게임이 중단된 시점 이후부터 두 게임을 연달아서 이겨야 한다. 한 게임을 이길 확률을 $\frac{1}{2}$이라 생각하면, B가 이길 확률은 $\frac{1}{2}\times\frac{1}{2}=\frac{1}{4}$이고, 여사건의 확률에 의해 A가 이길 확률은 $1-\frac{1}{4}=\frac{3}{4}$가 된다. 그러므로 게임이 중단된 시점에서의 A의 기댓값은

$$12\times\frac{3}{4}+0\times\frac{1}{4}=9\text{만원}$$

이고, B의 기댓값은

$$0\times\frac{3}{4}+12\times\frac{1}{4}=3\text{만원}$$

이다. 그러므로 판돈 12만원 중 9만원은 A에게, 3만원은 B에게 주는 것이 적절하다. ▣

4.2 기댓값의 역설

문제 4.2 동전을 뒷면이 한 번 나올 때까지 던져서, 뒷면이 n번 만에 나오면 2^n원의 상금을 받는 게임을 하자. 이러한 게임을 한 번 시행할 때의 기댓값은 얼마인가?

풀이 $n=1, 2, \cdots$에 대하여, 동전의 앞면이 $n-1$번 연달아 나온 후 뒷면이 n번째에 처음 나올 확률은 $\frac{1}{2^n}$이므로, 이 시행의 기댓값은

$$2\times\frac{1}{2}+2^2\times\frac{1}{2^2}+2^3\times\frac{1}{2^3}+\cdots=1+1+1+\cdots=\infty$$

이다. ▣

위 **문제 4.2**의 게임은 한 번 시행의 기댓값이 ∞이기 때문에, 참가하는 사람이 대단히 유리할 것이라고 생각할 수 있다. 그런데 여기에서 다음 질문을 생각해보자.

① 1회 참가비가 1만원이라면, 위의 게임에 참가하겠는가?
② 1회 참가비가 1만원이라면, 위의 게임을 주최하겠는가?

기댓값이 ∞이기 때문에, ①번 질문에 대해서는 아무리 비싼 금액의 참가비를 지불하더라도 당연히 참가하는 것이 합리적으로 보인다. 하지만 실제로 1만원을 내고 참가했을 때, 참가자가 이익을 볼 확률을 구해보자.

참가자가 한 번 게임에 참가하여 1만원 이상의 상금을 받으려면, 뒷면이 처음 나올 때 까지 동전을 던진 횟수 n이 $n \geq 14$를 만족[2]해야 한다. 이를 위해서는 동전을 던졌을 때 앞면이 13회 이상 연달아 나와야 하며, 실제로

2 $n = 13$일 때의 상금은 8,192원이고, $n = 14$일 때의 상금은 16,384원이다.

이렇게 앞면이 연달아서 13번 나올 확률은

$$\frac{1}{2^{13}} = 0.000122... = 0.0122...\%$$

가 된다. 즉 이 게임에 1억원의 참가비를 내고 만 번 정도 참가하면 1만원 이상의 상금을 한 번 정도 받을 수 있다는 뜻이다. 그러면 독자들은 이 게임에 참가하겠는가?

이제는 이 게임을 주최하는 경우를 생각해보자. 이미 ①번 질문을 통해 이 게임은 대부분의 참가자들이 손해를 볼 수밖에 없다는 사실을 알게 되었기 때문에, 게임을 주최하는 것이 더 좋아 보일 수도 있을 것이다. 하지만 이제는 기댓값이 ∞라는 사실에 주의해야 한다.

등비수열 $a_n = 2^n$은 n의 값이 커질 때 대단히 빠르게 증가한다. 수학에서의 등비수열을 다른 교과에서는 일반적으로 기하급수라 부르는데, 등비수열과 같이 빠르게 증가하는 것을 **기하급수적으로 증가한다**고 표현한다.

예를 들어 n이 1에서 2로 커지면 수열값 $a_n = 2^n$은 2에서 4로 2만큼 증가한다. 하지만 n이 10에서 11로 증가하면 수열값은 1024에서 2048로 1024만큼 증가함을 알 수 있다. 이렇게 n값이 커지면 커질수록 수열이 증가하는 정도는 급격하게 빨라진다.

어느 정도 빨리 증가하는지를 실감하기 위해 예를 들면, 두께가 0.1mm인 종이를 42번 접으면 그 두께는 지구에서 달까지의 거리[3]보다 더 커진다. 이렇게 빨리 커지는 이유는, 종이를 한 번 접을 때마다 두께가 2배로

3 지구에서 달까지 거리는 약 385,000km이며, 두께가 0.1mm인 종이를 42번 접으면 그 두께는

$$0.1 \times 2^{42}\,\text{mm} = 439,804,651,110.4\,\text{mm} > 439,800\,\text{km}$$

가 된다.

늘어나기 때문이다. 처음 몇 번을 접었을 때에는 종이 두께가 얼마 되지 않지만, 두께가 대단히 빠른 속도로 증가하기 때문에 42번 만에 지구에서 달까지의 거리보다 더 커지게 되는 것이다.

②번 질문으로 돌아와서, 그렇다면 독자들은 게임을 주최하겠는가? 대부분의 참가자는 손해를 보게 되어 주최자는 이득을 얻게 된다. 하지만 게임을 대단히 많은 횟수만큼 주최하다보면, 누군가 한 사람은 n값이 20 이상이 될 수도 있다. $n=25$이 되면 상금이 3천만원 이상이고, $n=30$이면 10억이 넘게 되며, $n=35$이면 340억 이상이 된다. 그러므로 참가자 중 어느 한 사람이라도 n값이 커지게 되면, 게임의 주최자는 기하급수적으로 커진 상금을 한 번에 지불해야하기 때문에 망하게 된다. 이것은 게임의 기댓값이 ∞이기 때문에 발생하는 현상이다.

결국 **문제 4.2**의 게임은 참가하지도, 주최하지도 않는 것이 가장 안전하다는 것을 알 수 있다. 그러므로 이 게임은 참가자나 주최자 어느 누구에게도 이롭지 않기 때문에 모순적이라 할 수 있다. 단, 천문학적으로 많은 돈을 가진 사람이 충분히 많은 횟수만큼 이 게임에 참가한다면 이 참가자는 큰 이득을 볼 수도 있다.

4.3 남의 떡이 더 커 보인다

아래 **문제 4.3**과 **문제 4.4**는 "남의 떡이 더 커 보인다"라는 속담을 수학적으로 보여주는 역설이다.

문제 4.3 상금이 적힌 두 장의 종이가 있는데, 한 종이에는 다른 종이에 있는 금액의 2배가 적혀 있다. A와 B가 순서대로 종이를 뽑는데, A가 먼저 뽑은 종이에 상금이 10만원이 적혀 있었다. 이때 B의 상금의 기댓값은 얼마인가?

풀이 다른 종이에 5만원이 적혀있을 확률은 $\frac{1}{2}$, 20만원이 적혀있을 확률도 $\frac{1}{2}$이다. 이로부터 B의 상금의 기댓값은 $5\times\frac{1}{2}+20\times\frac{1}{2}=12.5$만원이 된다. ▣

위의 **문제 4.3**과 **풀이**로부터, 첫 번째 뽑힌 종이의 상금이 결정되고 나면, 두 번째로 종이를 뽑는 사람의 상금의 기댓값은 항상 첫 번째로 뽑은 사람의 상금보다 더 높음을 알 수 있다. 그러므로 처음 종이를 뽑은 사람은 항상 두 번째 사람을 부러워하게 되기 때문에, 정말로 남의 떡이 더 커보이게 된다. 그런데 정말로 두 번째로 뽑는 사람이 더 유리한 것일까?

문제 4.4 상금이 적힌 두 장의 종이가 있는데, 한 종이에는 다른 종이에 있는 금액의 2배가 적혀 있다. A와 B가 순서대로 종이를 뽑으려 할 때 누가 더 유리한가?

풀이 종이에 적힌 두 상금을 X원, $2X$원이라 두자. A가 X원을 뽑을 확률은

$\frac{1}{2}$, $2X$원을 뽑을 확률도 $\frac{1}{2}$이므로, A의 상금의 기댓값은

$$X\times\frac{1}{2}+2X\times\frac{1}{2}=\frac{3}{2}X\text{원}$$

이다. 그리고 A가 X원을 뽑으면 B는 $2X$원을 뽑게 되고, A가 $2X$원을 뽑으면 B는 X원을 뽑게 되므로, B가 $2X$원을 뽑을 확률은 $\frac{1}{2}$, X원을 뽑을 확률도 $\frac{1}{2}$이다. 이로부터 B의 상금의 기댓값은

$$2X\times\frac{1}{2}+X\times\frac{1}{2}=\frac{3}{2}X\text{원}$$

이다. A와 B의 기댓값이 $\frac{3}{2}X$원으로 일치하므로, 어느 누구도 더 유리하지 않다.

▣

문제 4.3과 **문제 4.4**의 문제 상황이 서로 다르다는 것에 주의해야 한다. **문제 4.3**에서는 A가 종이를 뽑아서 상금을 확인한 후이고, **문제 4.4**에서는 아직 A가 종이를 뽑기 이전이다. 종이를 뽑기 전에는 A와 B의 기댓값이 일치하지만, A의 상금이 결정되고 나면 그때부터는 B의 기댓값이 항상 더 높아지게 된다.

이해를 돕기 위해 먼저 **문제 4.4**의 상황을 시뮬레이션 해보자. 10만원과 20만원이 각각 적혀있는 두 종이를 A와 B가 순서대로 뽑는다고 생각하고 100회 뽑기를 반복한다면, A와 B는 각각 10만원을 50번 정도, 20만원을 50번 정도 뽑게 되기 때문에, 상금으로 1500만원 정도를 받게 된다.

이제 **문제 4.3**의 상황을 시뮬레이션 해보자. 10만원과 20만원이 각각 적혀있는 두 종이를 A와 B가 순서대로 뽑는다. 그런데 여기에서 만일 A가 10만원이 적힌 종이를 뽑는다면 각자에게 종이에 적힌 상금을 주지만, 만일 A가 20만원이 적힌 종이를 뽑는다면 각자에게 종이에 적힌 금액의 $\frac{1}{2}$만을 준다고 하자. 이렇게 하면 A의 상금은 항상 10만원으로 고정이 되며, 100

회 뽑기를 반복하면 A는 상금으로 1000만원을 가져가게 된다. 하지만 B는 A가 10만원이 적힌 종이를 뽑았을 때에는 20만원을 받지만, A가 20만원이 적힌 종이를 뽑았을 때에는 5만원을 받게 된다. 그러므로 100회 반복하게 되면 B는 상금으로 1250만원 정도를 받게 된다.[4]

우리는 이미 3장에서 교수님의 두 자녀가 딸일 확률을 구하는 문제로부터 이와 비슷한 상황을 살펴본 경험이 있다. 교수님에게 딸이 있다는 이야기를 듣는 것과, 교수님의 딸을 한 명 만나는 것은 서로 다른 표본공간을 결정하기 때문에 서로 다른 확률을 결정한다. 이와 마찬가지로, 위의 **문제 4.3**과 **문제 4.4**는 서로 다른 상황이기 때문에 서로 다른 기댓값이 되는 것이다.

사실 위의 역설에는 아직까지도 다양한 논란이 있으며, 이 역설의 다양한 측면을 모두 해결하는 합의된 설명은 아직 없는 것으로 알고 있다. 이 역설에 대해 더 깊이 알고 싶은 독자들은 다음 책들을 참고하기 바란다.

하임 샤피라 (2017). **n분의 1의 함정**. 서울: 반니.

윤원영 · 서순근 (2019). **일상의 확률문제**. 서울: 경문사.

4 직관적으로는 다음과 같이 설명할 수 있다. A는 큰 상금을 받아야 할 때마다 상금이 절반으로 깎이지만, B는 작은 상금을 받아야 할 때에만 상금이 절반으로 깎이게 되므로, B의 상금이 A보다 더 많아지게 된다.

PART
05

생일의 역설, 조건부확률

5.1 생일의 역설

문제 5.1 부산교육대학교에는 한 학과에 30명의 학생들이 있다. 이들 30명 중에 생일이 같은 쌍이 하나 이상 있을 확률은 얼마인가?

저자는 교육대학에서 매년 학과 단위로 수업을 하며 학생 중 생일이 같은 쌍을 의외로 많이 볼 수 있었다. 그렇다면 실제 확률은 얼마일까?

문제를 단순화시켜서, 먼저 2명인 경우를 생각해보자. 2명이 생일이 같을 확률은, 첫 번째 학생은 생일에 제한이 없지만 두 번째 학생은 첫 번째 학생과 같은 생일이어야 하기 때문에 $\frac{365\times 1}{365\times 365}=\frac{1}{365}$가 된다.

3명인 경우는 어떻게 될까? 학생을 A, B, C라 두었을 때, A와 B가 생일이 같을 확률, B와 C가 같을 확률, A와 C가 같을 확률을 모두 더한 후, A와 B와 C가 모두 같을 확률을 두 번 빼주면 되므로, 다음과 같다.

$$\frac{1}{365}+\frac{1}{365}+\frac{1}{365}-\frac{2}{365\times 365}=0.0082\ldots$$

하지만 이 풀이 방법은 학생 수가 많아지면 너무 복잡해지기 때문에 좋지 못하다. 이 문제를 해결하는 좋은 풀이 방법은 바로 여사건의 확률을 이용하는 것이다. 즉 3명의 학생이 모두 생일이 다를 확률을 구한 후, 1에서 이 값을 빼면 된다. 그러므로 확률은

$$1-\frac{365\times 364\times 363}{365\times 365\times 365}=0.0082\ldots$$

이 된다.

이 방법을 일반화하자. n명$(n\geq 2)$의 학생 중에서 생일이 같은 쌍이 하나 이상 있을 확률을 p_n이라 두면

$$p_n = 1 - \frac{365 \times 364 \times 363 \times \cdots \times (366-n)}{365^n}$$

이 성립한다. n에 따른 p_n의 값을 구해보면 다음과 같다.

n	10	20	30	40	50
p_n	0.117...	0.411...	0.706...	0.891...	0.970...

이에 따르면, 30명의 학생 중에서 생일이 같은 쌍이 존재할 확률은 70% 이상이며, 50명 이상의 학생 중에는 거의 항상 생일이 같은 쌍이 존재한다. 일반적인 초등학교 한 학급의 학생 수가 20명에서 30명 사이인 것을 생각해보면, 초등학교 담임교사들은 2~3년에 한 번꼴[1]로 생일이 같은 학생들을 한 반에서 만나게 된다. 확률이 예상 외로 높기 때문에 이를 **생일의 역설**이라고 부른다.

왜 이렇게 높은 값이 나올까? 이는 p_n의 공식을 살펴보면 알 수 있는데, 이 공식에는 수열

$$\frac{365}{365}, \frac{364}{365}, \frac{363}{365}, \cdots, \frac{(366-n)}{365}$$

이 곱해진 수가 등장한다. 이 수열의 앞부분은 1에 가까운 수이지만 뒤로 갈수록 조금씩 작아지게 되며, 이렇게 점점 작아지는 수들을 여러 개 곱하면 빠른 속도로 그 값이 감소하기 때문이다.

문제 5.2 n명의 학생 중에서 나와 생일이 같은 사람이 있을 확률은 얼마인가?

1 사실 현실에서는 이 확률보다 더 자주 생일이 같은 쌍을 만나게 된다. 왜냐하면 신생아들이 태어나는 시기가 균등하게 분포되어 있지 않기 때문인데, 이는 결혼식이 봄과 가을에 집중적으로 열리는 것과 산모들이 12월 말에 출산하는 것을 기피하는 것 등의 영향 때문이다.

풀이 구하고자 하는 확률을 q_n이라 두자. 학생 한 명이 나와 생일이 다를 확률은 $\frac{364}{365}$이므로

$$q_n = 1 - \left(\frac{364}{365}\right)^n$$

이다. ▣

위의 **문제 5.2**는 **문제 5.1**과 상황이 다르다는 것에 주의하자. 실제로 n에 따른 확률을 계산해보면 아래와 같다.

n	10	20	30	40	50
q_n	0.027...	0.053...	0.079...	0.104...	0.128...

이렇게 q_n의 값이 작게 나오는 이유는, 공식에서 일정한 수인 $\frac{364}{365}$만 곱하고 있기 때문이다. p_n의 경우와 같이 점점 작아지는 수를 곱한 것은 아니기 때문에, q_n은 p_n에 비해 대단히 천천히 증가한다.

위의 **문제 5.1**과 **문제 5.2**를 실생활에서 경험해 볼 수 있을까? 예를 들어 독자들이 자동차 스마트키[2]를 하나 들고 버튼을 누르며 주차장을 마구 돌아다니더라도, 본인의 차 이외에 스마트키에 반응하는 다른 차를 찾기는 대단히 어렵다. 하지만 주차장에 1,000대의 차가 주차되어 있고, 1,000명의 사람들이 동시에 스마트키의 버튼을 누른다면, 동일한 스마트키에 반응하는 서로 다른 차가 나올 가능성은 의외로 높다.

2 자동차의 문을 원격으로 여닫는 무선 열쇠를 스마트키라 한다.

5.2 조건부확률의 정의

정의 5.1 두 사건 A와 $B(A \neq \varnothing)$에 대하여, 사건 A가 일어났다는 가정하에 사건 B가 일어날 확률을, 사건 A가 일어났을 때의 사건 B의 **조건부확률**(conditional probability)이라 하며 기호로 $\mathrm{P}(B|A)$로 나타낸다.

$\mathrm{P}(B|A)$를 구하는 공식을 만들어보자. 사건 A가 일어났다고 가정하였기 때문에, 표본공간은 전사건이 아니라 사건 A로 바꾸어 생각해야 한다. 그리고 사건 B도, 사건 A가 일어났다는 가정하에 일어나는 것이기 때문에 $A\cap B$로 생각해야 한다. 그러므로 전사건을 S라 두면,

$$\mathrm{P}(B|A)=\frac{n(A\cap B)}{n(A)}=\frac{\dfrac{n(A\cap B)}{n(S)}}{\dfrac{n(A)}{n(S)}}=\frac{\mathrm{P}(A\cap B)}{\mathrm{P}(A)}$$

를 얻는다.

앞으로 보게 될 많은 역설 같은 확률 문제들은 대부분 조건부확률과 관련되어 있기 때문에, 이러한 문제들을 제대로 이해하기 위해서는 조건부확률을 잘 이해하고 있어야 한다. 조건부확률의 이해를 돕기 위해 먼저 널리 알려진 문제를 하나 소개한다.

문제 5.3 모자를 쓴 한 아이가 세 집 A, B, C를 차례로 방문하고 난 후에 모자를 잃어버렸다는 사실을 알게 되었다. 이 아이가 각각의 집에서 모

자를 잃어버릴 확률이 모두 $\frac{1}{3}$일 때, 모자를 B 집에서 잃어버렸을 확률을 구하시오.

풀이 아이가 세 집을 방문한 후 모자를 잃어버리는 사건을 X라 두고, 아이가 모자를 B 집에서 잃어버리는 사건을 Y라 두자. 그러면 구하고자 하는 확률은 $\mathrm{P}(Y|X)=\frac{\mathrm{P}(X\cap Y)}{\mathrm{P}(X)}$이다.

먼저 $\mathrm{P}(X)$를 구하자. 아이가 A 집에서 모자를 잃어버릴 확률은 $\frac{1}{3}$이고, B 집에서 잃어버릴 확률은 $\frac{2}{3}\times\frac{1}{3}=\frac{2}{9}$이며, C 집에서 잃어버릴 확률은 $\frac{2}{3}\times\frac{2}{3}\times\frac{1}{3}=\frac{4}{27}$이다. 그러므로

$$\mathrm{P}(X)=\frac{1}{3}+\frac{2}{9}+\frac{4}{27}=\frac{19}{27}$$

가 성립한다. 그리고 위의 계산에서 $\mathrm{P}(X\cap Y)=\mathrm{P}(Y)=\frac{2}{3}\times\frac{1}{3}=\frac{2}{9}$는 이미 구하였다.

그러므로

$$\mathrm{P}(Y|X)=\frac{\mathrm{P}(X\cap Y)}{\mathrm{P}(X)}=\frac{\frac{2}{9}}{\frac{19}{27}}=\frac{6}{19}$$

를 얻는다. ▣

조건부확률 $\mathrm{P}(B|A)$을 생각할 때 두 사건 A와 B는 동시에 일어날 수도 있고, 어느 한 사건이 먼저 일어날 수도 있다. 하지만 사건 A가 사건 B 이후에 일어나는 경우의 조건부확률은 상당히 혼란스러울 수도 있는데, 이와 관련한 예를 하나 살펴보자.

문제 5.4 항아리에 흰 공 2개와 검은 공 2개가 있다. 공을 하나씩 두 번 비복원추출을 시행했을 때, 두 번째로 꺼낸 공이 흰 공이었다. 이때 첫 번째로 꺼낸 공도 흰 공일 확률[3]을 구하시오.

직관적으로 생각하면 처음 꺼낸 공의 색깔은 두 번째 공을 꺼내기 전에 결정되므로, 확률을 $\frac{1}{2}$로 착각하기 쉽다. 하지만 실제 확률은 $\frac{1}{3}$이다.

풀이 두 번째로 꺼낸 공이 흰 공인 사건을 A, 첫 번째로 꺼낸 공이 흰 공인 사건을 B라 하자. $\mathrm{P}(A)=\frac{1}{2}$이고, $\mathrm{P}(A\cap B)=\frac{2}{4}\times\frac{1}{3}=\frac{1}{6}$이므로, $\mathrm{P}(B|A)=\frac{\mathrm{P}(A\cap B)}{\mathrm{P}(A)}=\frac{1}{3}$이다. ▣

여기에서 두 번째로 꺼낸 공이 첫 번째로 꺼낸 공의 확률에 영향을 끼친다는 것에 주의할 필요가 있다. 독자들의 이해를 돕기 위해 **문제 5.4**의 표본공간 S를 구성해보자. 두 개의 흰 공을 W1, W2라 두고 두 개의 검은 공을 B1, B2라 두면, 표본공간 S는 다음과 같다.

$$S=\left\{\begin{matrix}(\mathrm{W1},\mathrm{W2}),(\mathrm{W2},\mathrm{W1}),(\mathrm{B1},\mathrm{W1}),(\mathrm{B1},\mathrm{W2}),(\mathrm{B2},\mathrm{W1}),(\mathrm{B2},\mathrm{W2}),\\(\mathrm{W1},\mathrm{B1}),\ (\mathrm{W1},\mathrm{B2}),\ (\mathrm{W2},\mathrm{B1}),(\mathrm{W2},\mathrm{B2}),(\mathrm{B1},\mathrm{B2}),\ (\mathrm{B2},\mathrm{B1})\end{matrix}\right\}$$

그리고 S의 부분집합인 사건 A는 다음과 같다.

$$A=\{(\mathrm{W1},\mathrm{W2}),(\mathrm{W2},\mathrm{W1}),(\mathrm{B1},\mathrm{W1}),(\mathrm{B1},\mathrm{W2}),(\mathrm{B2},\mathrm{W1}),(\mathrm{B2},\mathrm{W2})\}$$

사건 A에서 만일 두 번째로 꺼낸 공이 W1이라면, 첫 번째로 꺼낸 공은

3 여기에서 첫 번째로 꺼낸 공의 색은 두 번째로 꺼낸 공의 색을 확인한 이후에야 확인할 수 있다고 가정한다. 예를 들어 첫 번째 공은 꺼내자마자 속이 보이지 않는 상자로 옮겨 담는다고 하면 이 가정을 만족시킬 수 있다.

절대로 W1이 될 수 없으며, 마찬가지로 두 번째로 꺼낸 공이 W2이라면, 첫 번째로 꺼낸 공은 절대로 W2가 될 수 없다.[4] 그러므로 두 번째 꺼낸 공이 결정이 되고 나면 첫 번째 꺼낸 공은 두 번째 꺼낸 공과는 달라야 하므로, 두 공은 뽑힌 시간의 순서와 관계없이 서로의 확률에 영향을 끼치게 된다.

이후의 사건이 이전의 사건의 확률에 영향을 끼치는 가장 명확한 사례로, **문제 5.4**의 항아리에서 공을 하나씩 세 번 비복원추출하는 경우를 생각해볼 수 있다. 만일 두 번째와 세 번째 꺼낸 공이 모두 흰 공이라면 첫 번째 꺼낸 공은 흰 공이 될 수 없다. 그러므로 이후에 발생하는 사건들이 이전에 발생하는 사건의 확률에 영향을 끼치는 상황들은, 직관적으로는 이해하기 어려울지라도 실제로 존재하고 있음을 확인할 수 있다.

5.3 정말로 병에 걸렸을까?

문제 5.5 1,000명 중 1명이 걸리는 질병에 대하여, 이 병을 95%의 정확도로 진단하는 검사가 있다. (정확도가 95%라는 것은, 병에 걸린 사람은 95%의 확률로 양성으로 진단하고, 걸리지 않은 사람도 5%의 확률로 양성으로 진단한다는 뜻이다.) 이 검사로 어떤 사람이 양성 판정을 받았을 때, 이 사람이 실제로 병에 걸렸을 확률을 구하시오.

풀이 어떤 사람이 양성 판정을 받는 사건을 A, 병에 걸리는 사건을 B라 두

4 이러한 현상은 비복원추출이기 때문에 발생하는 것이다. 복원추출인 경우에는 두 번째 꺼낸 공의 색깔이 처음 꺼낸 공의 색깔에 영향을 끼치지 않는다.

자. 그러면

$$\mathrm{P}(A)=\frac{1}{1000}\times\frac{95}{100}+\frac{999}{1000}\times\frac{5}{100},\ \mathrm{P}(A\cap B)=\frac{1}{1000}\times\frac{95}{100}$$

가 성립하므로,

$$\mathrm{P}(B|A)=\frac{\mathrm{P}(A\cap B)}{\mathrm{P}(A)}=\frac{95}{95+999\times 5}=\frac{19}{1018}=0.0187\ldots=1.87\ldots\%$$

이다. ▣

검사의 정확도가 높음에도 불구하고, 실제 병에 걸렸을 확률은 상당히 낮다는 것이 당황스러울 것이다. 이렇게 확률이 낮아진 이유는 병에 걸릴 확률이 낮기 때문인데, 병에 걸리지 않은 사람 중 양성 판정을 받는 5%의 수가 실제 병에 걸려 양성 판정을 받는 사람 수에 비해 너무 많기 때문이다. 실제로 위의 **풀이**에 나오는 $\mathrm{P}(B|A)$의 계산식을 살펴보면, 95명이 병에 걸리고 양성 판정을 받을 때, 999×5=4,995명은 병에 걸리지 않고도 양성 판정을 받고 있음을 알 수 있다.

이러한 진단의 불확실성은 실제 현실에서도 발생하고 있기 때문에 조심할 필요가 있다. 건강검진 결과 특정한 병에 대해 양성이 나오면, 반드시 정밀진단을 통해 정말로 양성인지 여부를 확인해야 한다.

이상적인 진단이란 다음 두 조건을 만족해야 한다.

① 병에 걸린 사람이 양성으로 진단될 확률이 높다.
② 병에 걸리지 않은 사람이 양성으로 진단될 확률이 낮다.

여기에서 희귀한 질병의 경우 ②의 확률이 높아지면, 양성 판정을 받은 사람이 실제로는 병에 걸리지 않았을 확률이 높아진다. 그러므로 가짜 양성 판정을 피하려면 ②의 확률이 0에 가까워야 한다.

하지만 현실적으로 진단의 효용성을 위해서는 ②의 확률이 0에 가까운 것보다 ①의 확률이 100%에 가까운 것이 더 중요하다. 왜냐하면 병에 걸린 사람이 양성 판정을 늦게 받으면 병을 치료할 시기를 놓쳐서 위험해질 수 있기 때문이다. 현실에서는 ①의 확률과 ②의 확률이 동시에 높아지는 경향이 있기 때문에, 일반적으로 진단은 ①의 확률을 최대한 높도록 제작한 후, 양성 판정을 받은 이들에게 정밀 검사를 시행하는 방식으로 가짜 양성 판정 문제를 보완한다.

문제 5.6 1,000명 중 1명이 걸리는 질병에 대하여, 이 병을 95% 정확도로 진단하는 검사가 있다. 어떤 사람이 이 검사로 두 번 연속 양성 판정을 받았을 때, 이 사람이 실제로 병에 걸렸을 확률을 구하시오.

풀이 어떤 사람이 두 번 연속으로 양성 판정을 받는 사건을 A, 병에 걸리는 사건을 B라 두자. 그러면

$$\mathrm{P}(A)=\frac{1}{1000}\times\frac{95}{100}\times\frac{95}{100}+\frac{999}{1000}\times\frac{5}{100}\times\frac{5}{100},$$
$$\mathrm{P}(A\cap B)=\frac{1}{1000}\times\frac{95}{100}\times\frac{95}{100}$$

가 성립하므로,

$$\mathrm{P}(B|A)=\frac{\mathrm{P}(A\cap B)}{\mathrm{P}(A)}=\frac{95\times95}{95\times95+999\times5\times5}=\frac{361}{1360}$$
$$=0.2654...=26.54...\%$$

이다. ▣

위에서 보듯이 진단 검사를 한 번만 더 시행해도 진단의 정확성이 이전

보다 상당히 높아진다는 것을 확인할 수 있다. 실제 현실에서는 진단 검사를 시행할 때에 검체에 대한 다양한 검사를 동시에 여러 번 진행하여 진단율을 높이고 있다.

5.4 O. J. 심슨 재판에 관한 이야기

O. J. 심슨(Orenthel James Simpson, 1947~2024)은 미국에서 70년대에 프로 미식축구 선수로 큰 명성을 얻었던 사람이다. 하지만 1994년 6월 13일에 전처 니콜 브라운 심슨(Nicole B. Simpson, 1959~1994)과 그녀의 남자친구 로널드 골드먼(Ronald Goldman, 1969~1994)을 잔혹하게 살해한 유력한 용의자로 지목되어 재판을 받게 되었다.

당시에 심슨에게 불리한 여러 가지 정황들이 있었으나, 심슨은 드림팀이라 불린 변호사들을 거액의 비용으로 고용하여 재판을 진행하였고, 결정적이라 생각되었던 심슨의 살인 증거들이 변호인들에 의해 논파되어 결국 1995년에 무죄 선고를 받았다. 미국 전역에서 이 사건과 재판에 큰 관심을 가졌기 때문에, 25년이 지난 오늘날에도 이에 대한 다큐멘터리가 제작되는 등 이 사건의 진범에 대한 논란은 여전하다.

이 재판이 수학적으로 흥미로웠던 것은, 당시에 변호사들이 심슨의 무죄를 주장하며 다양한 확률을 근거로 내세웠는데, 이 확률들에 상당히 문제가 많았다는 점이다. 예를 들어 변호인단에서는 다음과 같은 주장을 내세웠다.

[주장 1] 아내를 상대로 폭력을 휘두르는 남편 1,000명 중 1명만이 살인까지 이어진다. 심슨은 아내를 상대로 폭력을 휘두르는 사람이었는데, 그러므로 심슨이 살인범일 확률은 $\frac{1}{1000}=0.1\%$이다.

[주장 2] 피살 현장에서 심슨의 것과 일치하는 DNA가 채취되었다. 통상 DNA 분석에서 두 사람의 DNA가 우연히 일치할 확률은 1만분의 1이며, 사건이 발생한 로스앤젤레스 인근의 인구가 300만 명이므로, 이 중 약 300명의 DNA가 채취된 것과 일치할 수 있다. 그러므로 심슨이 살인범이 아닐 확률은 $1-\frac{1}{300}=99.7\%$이다.

주장 1의 확률은 아내가 살해되기 전에야 의미가 있으며, 이미 살해되었다면 그때부터는 조건부확률을 따져보아야 한다. 실제로 남편의 폭력에 시달리던 아내가 죽었을 때 그 아내를 살해한 사람이 남편이었을 통계적 확률은 80% 이상이다.

주장 2의 경우도 확률을 잘못 해석했다고 볼 수 있다. 로스앤젤레스에 DNA가 일치하는 사람이 300명 정도 있을 수 있으나, 이들 대부분[5]은 사망자와 안면이 전혀 없는 이들이다. 그렇기 때문에 사망자를 알고 있는 이들 중에서 DNA가 일치한 사람은 실제 범행 현장에 있었을 확률이 대단히 높다.

심슨이 살해범인지에 대해서는 여전히 알 수 없으나, 당시에 변호인단이 왜곡하여 사용했던 확률에 많은 이들이 속았던 것은 분명하다. 이렇게 확률은 실생활에서 왜곡되어 사용될 수 있기 때문에, 항상 주의를 기울여서 잘못된 확률에 속지 않도록 조심해야 한다.

---

5 DNA가 일치했던 이들 중 아마도 심슨을 제외한 다른 모든 이들은 사망자와 아무런 관련이 없었을 것이다.

PART 06

먼저 뽑는 것이 유리할까

6.1 유치원 신입생 추첨

문제 6.1 유치원에서 10명의 신입생을 추첨을 통해 선발하는데, 총 100명이 지원을 하였다. 유치원에서는 공뽑기(비복원추출)로 추첨을 진행하려 한다. 이때, 앞 순서로 공을 뽑는 것이 당첨에 유리할까?

위의 **문제 6.1**은 필자가 실제로 경험했던 상황으로, 이 유치원에서는 오전 10시부터 유치원 선발 추첨을 시작하였다. 유치원에서는 오전 10시까지 유치원에 도착한 부모들의 수를 세어 100명임을 확인하였고, 큰 주머니에 당첨공 10개와 비당첨공 90개를 넣었다. 추첨을 진행하기 전에 모든 부모들이 당첨공과 비당첨공을 만져볼 수 있게 하여 두 공 사이에 촉감의 차이가 없다는 것을 확인시켰고, 부모들 앞에서 공을 주머니에 넣고 섞어서 추첨의 공정성을 확보하였다. 그 후 유치원에 도착한 순서대로 주머니에서 공을 하나씩 꺼내는 방식으로 추첨을 진행했다.

이때 몇 명의 부모들은 공을 먼저 뽑기 위해 새벽 5시에 유치원에 와서 줄을 섰는데, 일찍부터 줄을 섰던 부모들 중에는 당첨공이 더 많이 남아있을 때 공을 뽑아야 당첨 확률이 조금이라도 더 높아질 것이라 생각한 이들이 있었다. 실제로 그러한가?

일반적인 상황을 보기 전에 먼저 앞 순서의 사람들이 당첨될 확률을 계산해보자. 먼저 첫 번째 사람이 당첨될 확률은 당연히 $\frac{10}{100}=\frac{1}{10}$이다. 이제 두 번째 사람이 당첨될 확률을 생각하자. 두 번째 사람이 당첨되려면

> ① 첫 번째 사람이 당첨되고 두 번째 사람도 당첨되는 경우
> ② 첫 번째 사람은 당첨되지 않고 두 번째 사람만 당첨되는 경우

인 두 가지 상황이 있다. 첫 번째 사람이 당첨되었다는 가정하에 두 번째 사람이 당첨될 확률은 $\frac{9}{99}=\frac{1}{11}<\frac{1}{10}$이 되고, 첫 번째 사람이 당첨되지 않았다는 가정하에 두 번째 사람이 당첨될 확률은 $\frac{10}{99}>\frac{1}{10}$이 된다. 이로부터 다음 사실을 알 수 있다.

> 두 번째 사람이 당첨될 확률은 첫 번째 사람의 당첨 여부에 영향을 받는다. 즉, 첫 번째 사람이 당첨되면 두 번째 사람이 당첨될 확률은 낮아지고, 첫 번째 사람이 당첨되지 않으면 두 번째 사람이 당첨될 확률은 높아진다.

이러한 추첨에서는 추첨이 진행됨에 따라 당첨 확률이 역동적으로 바뀌게 된다. 예를 들어 10번째 공을 뽑는 사람이 당첨될 확률은 이전의 9명이 어떤 결과를 얻느냐에 따라 높아지기도 하고 낮아지기도 한다. 하지만 아직 추첨을 시작하기 전이라면, 각 사람이 당첨될 확률은 고정된 값이기 때

문에 어렵지 않게 계산할 수 있다.

추첨을 시작하기 전에 두 번째 사람이 당첨될 확률을 구해보자. 위의 ①의 경우의 확률은 $\frac{10}{100}\times\frac{9}{99}=\frac{1}{110}$이고, ②의 경우의 확률은 $\frac{90}{100}\times\frac{10}{99}=\frac{10}{110}$이다. 그러므로 두 번째 사람이 당첨될 확률은

$$\frac{1}{110}+\frac{10}{110}=\frac{11}{110}=\frac{1}{10}$$

이 된다.

세 번째 사람이 당첨될 확률은 어떻게 될까? 앞의 두 사람이 모두 당첨된 경우, 첫 번째 사람만 당첨된 경우, 두 번째 사람만 당첨된 경우, 앞의 두 사람 모두 당첨되지 않은 경우 각각에 대해 세 번째 사람이 당첨될 확률들을 모두 구하고 이를 더하면 된다. 실제로 계산하면

$$\frac{10}{100}\times\frac{9}{99}\times\frac{8}{98}+\frac{10}{100}\times\frac{90}{99}\times\frac{9}{98}+\frac{90}{100}\times\frac{10}{99}\times\frac{9}{98}+\frac{90}{100}\times\frac{89}{99}\times\frac{10}{98}$$
$$=\frac{97020}{100\times99\times98}=\frac{1}{10}$$

이 된다.

이로부터 추론해보면, 추첨이 진행되기 전에는 공을 뽑는 순서에 관계없이 모든 이들의 당첨 확률이 $\frac{1}{10}$임을 알 수 있다. 이에 대한 증명은 다음과 같다.

> **정리 6.1** 당천공이 10개, 비당첨공이 90개가 들어있는 수머니가 있다. 이 주머니에서 비복원추출로 공을 하나씩 뽑으려 할 때, n번째 $(1\leq n\leq 100)$ 뽑은 공이 당첨공일 확률은 $\frac{1}{10}$이다.

증명 10개의 당첨공과 90개의 비당첨공이 모두 서로 다른 공이라 가정[1]하자. 이때 표본공간은 100개의 서로 다른 공을 일렬로 나열하는 경우로 생각할 수 있다. 여기에서 n번째 공이 당첨공이 되는 모든 경우의 수는, 10개의 당첨공 중에서 1개를 골라서 n번째 위치에 놓고, 나머지 99개의 공은 임의로 배열하는 경우의 수와 동일하다. 그러므로 이 확률을 계산하면

$$\frac{{}_{10}C_1 \times 99!}{100!} = \frac{10}{100} = \frac{1}{10}$$

이다. ■

결국 유치원 추첨에서는 순서에 관계없이 당첨 확률이 일정하기 때문에, 새벽 5시부터 유치원에 와서 줄을 서는 것은 당첨 확률에 아무런 영향을 끼치지 못한다는 사실을 알 수 있다. 이 책을 읽는 독자들은 앞으로 굳이 일찍부터 힘들게 줄을 서지 않았으면 좋겠다.

그런데 세상일은 항상 논리로만 결정되는 것은 아니다. 사람은 감정을 가지고 있고, 때로는 논리보다 감정에 충실한 것이 삶을 더 풍요롭게 만들기도 한다. 실제로 경제학에는 인간의 의사결정을 논리적으로 예측하고 최선의 선택을 찾는 "게임이론(Game Theory)"이라는 분야가 있는데, 일반적으로 사람들은 충분히 논리적으로 사고하지 않고 감정의 영향을 받기 때문에, 게임이론에서 예측한 대로 일이 진행되지 않을 때가 많다.

위의 유치원 추첨 상황에서, 새벽부터 줄을 섰던 부모 중 일부는 공을 일찍 뽑는다고 당첨 확률이 높아지지는 않는다는 사실을 이미 알고 있었다. 하지만 그럼에도 불구하고 일찍부터 줄을 섰는데, 왜냐하면 이들은 추첨에서 공을 뽑는 기회를 가져보고 싶었기 때문이었다. 추첨 순서가 뒤쪽

1 확률 계산을 위해서는 100개의 공이 모두 서로 다르다고 가정해야 한다. 3장 참고.

에 있는 경우, 당첨공 10개가 앞 순서에서 모두 나오면 그 이후 사람들은 공을 뽑을 기회조차 없게 된다. 부모들 중에는 공을 뽑는 기회조차 없이 유치원 추첨에서 떨어지게 되면 억울한 마음이 생기기 때문에, 공을 뽑는 기회를 보장받기 위해 일찍부터 줄을 선 이들도 있었다.

6.2 교육대학 부설초등학교 신입생 추첨

인기가 많은 한 교육대학의 부설초등학교에는 지역의 많은 부모들이 자녀들을 입학시키기 위해 지원서를 제출한다. 항상 정원에 비해 많은 이들이 지원하기 때문에, 부설초에서는 매년 공정한 방식으로 추첨을 하여 신입생을 뽑고 있다.

하지만 위의 유치원 사례와는 다르게, 부설초에서는 추첨일에 학부모들이 일찍부터 줄을 서지 않는다. 어떻게 이러한 추첨이 가능할까?

부설초에서는 신입생을 뽑기 위해 두 번의 추첨을 진행한다. 첫 번째 추첨에서는 "추첨 순서"를 결정한다. 학교에 도착한 순서대로 봉투를 뽑는데, 이 봉투 안에는 "추첨 순서"가 적혀있다. 두 번째 추첨은 첫 번째 추첨으로 결정한 순서에 따라 진행되며, 이 추첨에서 비로소 지원한 자녀가 신입생으로 선발될지 여부를 결정한다.

수학자가 볼 때 이렇게 두 번 추첨을 진행하는 것은 시간과 자원을 낭비하는 것이다. 신입생 선발 여부는 추첨 순서에 아무런 영향이 없기 때문이다. 하지만 부설초에서는 이렇게 두 번 추첨을 진행하는 비효율적인 낭비를 함으로써 학부모들이 새벽부터 줄서는 수고를 없앨 수 있었다. 때로는 낭비와 비효율이 더 좋은 결과를 낳기도 한다.

6.3 코로나19 백신의 예방률

2021년 3월 미국에서는 코로나19 백신의 효용성에 대한 흥미있는 논란이 있었다. 미국 디트로이트 시의 시장인 마이크 더건(Mike Duggan)은 2021년 3월 5일에 미연방정부가 시에 배급한 6,200회분의 얀센(Janssen) 백신을 거절하여 큰 논란을 일으켰는데, 그는 디트로이트 시민들에게 가장 좋은 것을 제공하기 위해 얀센 백신을 거절한다고 발표했다. 이는 화이자(Pfizer)와 모더나(Moderna) 백신의 코로나19에 대한 예방률(efficacy rate)이 각각 95%, 94%인 것에 비해 얀센 백신의 예방률은 66%로 낮았기 때문이었다.

예방률이란 백신을 맞은 사람이 코로나19 바이러스에 노출될 때 병에 감염되지 않을 확률을 나타낸다. 이러한 확률은 이론적으로는 계산할 수 없기 때문에 일반적으로 수만 명을 대상으로 진행한 임상시험을 통해 구하는데, 이렇게 과거의 경험이나 실험을 바탕으로 계산하는 확률을 **통계적 확률**(statistical probability)이라 한다.

코로나19 백신의 예방률을 구하기 위한 임상시험에서는 실험에 참가한 이들을 실험군과 대조군으로 나누어, 실험군에는 백신을 접종하고 대조군에는 위약(placebo)[2]을 접종하였다. 일정한 시간이 지난 후, 백신의 예방률은 코로나19에 걸린 실험 참가자수를 이용해 다음과 같이 구하였다.

2 위약이란 가짜 약을 의미한다. 환자에게 가짜 약을 투여하더라도 환자가 회복될 것이라는 심리적인 믿음 때문에 실제로 병에서 회복되는 것을 위약 효과(placebo effect)라 하는데, 임상시험에서는 위약 효과를 배제하기 위해 시험 참가자들에게 누가 실험군이고 누가 대조군인지를 알려주지 않는다.

(백신의 예방률)
=1−(실험군에서 병에 걸린 사람 수)/(대조군에서 병에 걸린 사람 수)

실제로 화이자 백신의 임상시험에는 총 43,000명이 참가하였는데, 위약을 투여한 이들 중에는 162명이 바이러스에 감염되었고, 백신을 투여한 이들 중에는 8명이 감염되었다. 이를 통해 화이자 백신의 예방률은

$$1-\frac{8}{162}=1-0.0493...=95.0...\%$$

로 계산되었다.

얀센 백신의 예방률이 화이자 백신과 모더나 백신에 비해 현저히 낮기 때문에, 화이자 백신과 모더나 백신이 더 좋은 백신이라 생각할 수도 있다. 하지만 전문가들은 이러한 생각이 잘못되었다고 지적한다. 여기에는 여러 가지 이유가 있는데, 가장 큰 이유는 임상시험 방식이 백신에 따라 크게 차이가 난다는 것이다.

모더나 백신의 경우 임상시험은 미국에서 2020년 7월말부터 시작하였으며, 화이자 백신의 경우도 비슷한 기간에 주로 미국에서 진행하였다. 하지만 얀센 백신의 임상시험은 11월부터 시작[3]하였는데, 이 기간은 확진자 수가 급증하던 시기여서 실험 참가자들이 바이러스에 더 많이 노출되었다. 또한 얀센은 미국뿐만 아니라 남아프리카와 브라질에서도 임상시험을 진행했는데, 이 시기에 이 국가들에서는 확진율이 대단히 높았으며 변종 바이러스들도 발견되었다. 모더나와 화이자는 변종 바이러스가 나오기 전에 임상시험이 종료되었기 때문에, 이후에 임상시험을 진행한 다른 백신들보다

3 9월 말부터 임상시험을 진행하였으나 이상 반응으로 인해 10월에 실험을 일시 중단하였고, 11월부터 다시 실험을 진행하였다.

더욱 높은 예방률을 보일 수 있었던 것이다. 그렇기 때문에 서로 다른 장소에서 서로 다른 시기에 진행한 임상시험 결과들로부터 계산한 예방률을 비교하여 백신의 효과를 비교하는 것[4]은 적절하지 못하다.

그뿐만 아니라 예방률은 백신의 효과를 보여주는 가장 중요한 지표가 될 수 없는데, 백신은 질병에 걸리지 않도록 하는 것이 목적이 아니라 질병을 약화시켜 환자의 몸을 보호하는 것이 목적이기 때문이다. 화이자, 모더나, 얀센의 임상시험에서 백신을 접종받은 실험군 참가자들 중에는 코로나 증상으로 인해 입원하거나 사망한 사례가 단 한 명도 없었는데, 대조군 참가자들의 경우 감염 후 입원하거나 사망에 이른 경우가 다수 있었다. 이로부터 모든 백신이 코로나의 증상을 약화시키는 데에 효과가 있었음을 알 수 있다.

디트로이트 시장은 얀센 백신을 거부하는 발언을 한 후, 백악관과 전문가들의 비판을 수용하여 자신의 발언에 오해가 있었다고 정정 발표를 하였다. 그는 얀센 백신은 환자들의 입원율과 사망률을 줄이는 데에 대단히 효과적이며, 자신의 발언이 얀센 백신의 효과를 폄하하려는 의도는 아니었다고 하였다. 그는 이미 시에서 확보한 모더나 백신과 화이자 백신의 비축량이 시에 있는 접종 센터에서 감당할 수 있는 최대치였기 때문에 현재는 더 이상의 백신이 불필요하다는 뜻이었다고 해명했으며, 앞으로는 얀센 백신을 추가로 받고 접종 센터를 더욱 확대하여 더 많은 시민들에게 백신을 제공하겠다고 하였다.

4 비유를 들자면, 두 명의 학생이 서로 다른 수학시험을 쳤는데, 한 명은 쉬운 시험에서 95점을 받았고 다른 학생은 어려운 시험에서 66점을 받았다고 하자. 이때 95점을 받은 학생의 시험 점수가 더 높다고 이 학생이 수학을 더 잘한다고 말할 수는 없다. 수학을 더 잘하는지 여부를 판단하려면, 동일한 시험을 치른 후에 점수를 비교해야 한다.

6.4 인공지능에서의 확률

최근 인공지능이 사회 전반에 사용되면서 이에 대한 관심이 높아지고 있다. 특별히 수학을 가르치는 사람들이 인공지능에서 사용되는 수학 알고리즘을 이해한다면, 이를 활용하여 학생들에게 더 의미 있게 수학을 가르칠 수 있을 것이다.

최근에 크게 주목받고 있는 인공지능 구현 기술 중에는 딥러닝(deep learning)이라는 것이 있다. 컴퓨터에게 수많은 데이터를 학습시킨 후 이를 바탕으로 스스로 판단을 내리게 하는 방법인데, 이때 컴퓨터에게 학습을 시킨다는 것은 인공지능에서 사용하는 알고리즘에 있는 많은 변수들의 값을 수많은 학습 데이터들을 토대로 조금씩 조정하여, 인공지능의 판단과 실제와의 오차를 조금씩 줄여가는 것을 의미한다.

예를 들어 수많은 고양이 사진들과 개 사진들을 딥러닝으로 컴퓨터에게 학습을 시키고 나면, 그 후 컴퓨터는 학습한 데이터를 기반으로 새로 입력된 사진들이 고양이 사진인지 개 사진인지를 판별할 수 있게 된다. 여기에서 주목할 것은, 이렇게 학습한 인공지능은 사진이 고양이 사진인지 개 사진인지를 확률값으로 판단한다는 것이다. 예를 들면, 입력한 사진에 대해 인공지능은, 이 사진이 고양이 사진일 확률은 60%, 개 사진일 확률은 35%, 고양이나 개가 아닐 확률은 5%라는 방식으로 각각의 상황에 대한 확률을 계산한다. 이렇게 확률을 계산한 후에, 가장 확률이 높은 값을 토대로 입력된 사진을 고양이 사진이라 판정하는 것이다.

그런데 여기에서 주의해야 할 것이 있는데, 인공지능이 계산하는 확률은 통계적 확률이 아니라는 것이다. 인공지능에 입력된 어떤 사진이 고양이 사진일 확률을 60%라고 계산했을 때 60%의 의미는, 컴퓨터가 학습했던 비슷하게 생긴 사진 10장 중에서 실제 고양이 사진이 6장 정도 있었다는 뜻이 **아니다!** 실제 딥러닝 알고리즘을 살펴보면 컴퓨터가 계산하는 값은 확률이 아니라, 각각의 항목의 값이 0보다 크고 100%보다 작은 어떤 값이고, 각각의 항목의 총합은 100%가 되며, 한 항목의 값이 100%에 가까울수록 그 대상일 가능성이 높아지는 값들이다. 즉 인공지능에서 알려주는 확률은, 엄밀하게는 확률이 아니라 **확률과 비슷한 성질을 가진 값**들인 것이다. 그러므로 인공지능이 알려준 60%를 통계적 확률처럼 해석하는 것은 곤란하다.

이러한 이유로 이 책을 쓰고 있는 2021년에도 여전히 자율주행 자동차는 한동안 실용화되기 어렵다고 주장하는 전문가들이 있다. 자율주행 자동차는 주행 중에 주변 상황을 실시간으로 감지하는데, 만일 앞에 어떤 물체가 나타났다고 가정하자. 자동차의 인공지능은 이 물체가 피해야 하는 것인지, 혹은 낙엽이나 그림자처럼 무시하고 지나가도 되는 것인지를 판단하는데, 피해야 할 확률이 0.1%이고 피할 필요가 없을 확률이 99.9%가 나왔다고 해보자. 그렇다면 자동차는 이 물체를 무시하고 지나가도 되는 것일까? 피해야 할 확률 0.1%는 무시해도 괜찮은 값일까? 인공지능이 제시한 0.1%라는 확률을 통계적 확률로 생각해서 대부분의 경우 안전하다고 판단해도 되는 것일까? 그리고 이렇게 낮은 확률값이라 하더라도 사람의 생명과 관계된 일이라면 만약의 상황까지도 대비해야 하는 것은 아닐까? 이러한 여러 가지 고민을 하다보면, 오늘날의 기술로 구현한 자율주행 자동차를 현실에 활용해도 괜찮을까에 대해 다소 조심스러운 태도를 가지게 된다.

하지만 현실적으로는, 자율주행에 다소 위험한 요소가 있다 하더라도, 자율주행을 도입하여 얻게 되는 장점이 단점보다 훨씬 크다면 위험을 무릅쓰면서 도입하는 것이 일반적이다. 언젠가는 자율주행 자동차가 보편화되겠지만, 가급적이면 위험 요소를 최소화할 수 있도록 기술이 충분히 성숙된 후에 도입되기를 바란다.

PART 07

독립사건과 종속사건

7.1 두 사건의 독립과 종속

공사건이 아닌 두 사건 A와 B에 대하여, 한 사건이 일어나는 것이 다른 사건에 영향을 주지 않을 때 두 사건 A와 B는 서로 독립이라 한다. 이 정의를 수식으로 표현하면 아래와 같다.

정의 7.1 공사건이 아닌 두 사건 A와 B가

$$\mathrm{P}(B|A)=\mathrm{P}(B),\ \mathrm{P}(A|B)=\mathrm{P}(A)$$

를 모두 만족할 때 두 사건 A와 B가 서로 **독립**(independent)이라 하고, 서로 독립인 두 사건을 **독립사건**이라 한다. 그리고 두 사건이 서로 독립이 아닐 때, 두 사건을 **종속사건**이라 한다.

여기에서 $\mathrm{P}(B|A)=\dfrac{\mathrm{P}(A\cap B)}{\mathrm{P}(A)}$, $\mathrm{P}(A|B)=\dfrac{\mathrm{P}(A\cap B)}{\mathrm{P}(B)}$이므로, 두 사건 A와 B가 서로 독립일 필요충분조건은 $\mathrm{P}(A\cap B)=\mathrm{P}(A)\times\mathrm{P}(B)$임을 알 수 있다. 이 식이 간편하기 때문에, 일반적으로 두 사건의 독립 여부는 $\mathrm{P}(A\cap B)=\mathrm{P}(A)\times\mathrm{P}(B)$를 계산하여 확인한다.

정의 7.2 두 사건 A와 B가 서로 독립이면,

$$\mathrm{P}(B|A^c)=\mathrm{P}(B),\ \mathrm{P}(A|B^c)=\mathrm{P}(A)$$

이 성립한다.

증명

$$\mathrm{P}(B|A^c) = \frac{\mathrm{P}(B \cap A^c)}{P(A^c)} = \frac{\mathrm{P}(B) - \mathrm{P}(A \cap B)}{1 - P(A)}$$

$$= \frac{\mathrm{P}(B) - \mathrm{P}(A) \times \mathrm{P}(B)}{1 - P(A)} = \mathrm{P}(B),$$

$$\mathrm{P}(A|B^c) = \frac{\mathrm{P}(A \cap B^c)}{P(B^c)} = \frac{\mathrm{P}(A) - \mathrm{P}(A \cap B)}{1 - P(B)}$$

$$= \frac{\mathrm{P}(A) - \mathrm{P}(A) \times \mathrm{P}(B)}{1 - \mathrm{P}(B)} = \mathrm{P}(A)$$ ■

예 7-1 주사위와 동전을 동시에 던졌을 때, A를 주사위 눈이 3의 배수인 사건, B를 동전이 뒷면인 사건이라 두자. 이 두 사건은 서로의 확률에 영향을 끼치지 않기 때문에 독립사건이다. 실제로 $\mathrm{P}(A) = \frac{1}{3}$, $\mathrm{P}(B) = \frac{1}{2}$이고,

$$\mathrm{P}(A \cap B) = \frac{1}{6} = \frac{1}{3} \times \frac{1}{2} = \mathrm{P}(A) \times \mathrm{P}(B)$$

가 성립한다.

독립사건과 배반사건을 서로 혼동하지 않도록 주의할 필요가 있다. 두 사건 A와 B가 동시에 일어날 수 없을 때, 두 사건을 **배반사건**(mutually exclusive events)이라 한다. 예를 들어 주사위를 1회 던질 때, 3의 눈이 나오는 사건과 짝수의 눈이 나오는 사건은 배반사건이다.

예 7-2 공사건이 아닌 두 배반사건 A와 B는 항상 종속사건이다. 왜냐하면

$$\mathrm{P}(A \cap B) = 0 \neq \mathrm{P}(A) \times \mathrm{P}(B)$$

이 성립하기 때문이다.

두 사건이 독립인지 여부를 성급하게 직관적으로 판단하지 않도록 주의해야 한다. 아래 예에서 보듯이, 직관적으로 서로의 확률에 영향을 끼치는 것처럼 보이는 사건들이 실제로는 독립인 경우가 있기 때문이다.

예 7-3 주사위를 1개 던질 때, A를 짝수인 눈이 나오는 사건, B를 3의 배수인 눈이 나오는 사건이라 두자. 두 사건은 서로의 확률에 영향을 끼치는 것처럼 보일 수 있다. 하지만 $A\cap B=\{6\}$이므로,

$$\mathrm{P}(A)=\frac{1}{2},\ \mathrm{P}(B)=\frac{1}{3},\ \mathrm{P}(A\cap B)=\frac{1}{6}=\frac{1}{2}\times\frac{1}{3}=\mathrm{P}(A)\times\mathrm{P}(B)$$

이 성립한다. 그러므로 두 사건 A와 B는 독립이다.

7.2 오류 찾기

교사들이 문제를 만들 때에는 항상 그 문제에 오류가 없는지 주의해서 검토할 필요가 있다. 다음 문제에 오류가 있는지 여부를 검토해보자.

문제 7.1 두 사건 A, B에 대한 확률이 다음과 같을 때, 각각의 경우에 두 사건이 독립인지 또는 종속인지 여부를 판단하시오.

(1) $\mathrm{P}(A)=0.3$, $\mathrm{P}(B)=0.5$, $\mathrm{P}(A\cap B)=0.4$

(2) $\mathrm{P}(A)=0.5$, $\mathrm{P}(B)=0.8$, $\mathrm{P}(A\cup B)=0.7$

(3) $\mathrm{P}(A)=0.7$, $\mathrm{P}(B)=0.8$, $\mathrm{P}(A\cap B)=0.3$

풀이 (1) $\mathrm{P}(A\cap B)=0.4\neq 0.15=\mathrm{P}(A)\mathrm{P}(B)$이므로, 두 사건은 종속이다.

(2) $\mathrm{P}(A\cap B)=\mathrm{P}(A)+\mathrm{P}(B)-\mathrm{P}(A\cup B)=0.6$이고,

$\mathrm{P}(A \cap B) = 0.6 \neq 0.4 = \mathrm{P}(A)\mathrm{P}(B)$이므로, 두 사건은 종속이다.

(3) $\mathrm{P}(A \cap B) = 0.3 \neq 0.56 = \mathrm{P}(A)\mathrm{P}(B)$이므로, 두 사건은 종속이다. ▣

위의 **문제 7.1**과 **풀이**에 있는 오류들을 발견하려면, 문제를 검토할 때 주어진 조건을 만족시키는 상황이 실제로 존재할 수 있는지 여부를 반드시 확인해야 한다.

위의 (1)번에서는 $A \cap B \subset A$이지만,

$$\mathrm{P}(A \cap B) = 0.4 > 0.3 = \mathrm{P}(A)$$

이므로 모순이다. 마찬가지로 (2)번에서도 $A \cup B \supset B$이지만,

$$\mathrm{P}(A \cup B) = 0.7 < 0.8 = \mathrm{P}(B)$$

이 성립하므로 모순이다. 그러므로 (1), (2)을 만족시키는 사건 A와 B는 존재할 수 없다.

(3)번의 경우는 어느 부분에 모순이 있는지 한눈에 보이지 않는다. 이럴 때에는 벤다이어그램을 그려보면 주어진 조건을 만족시키는 상황이 존재하는지 여부를 쉽게 확인할 수 있다. 표본공간을 S라 두었을 때, (3)번의 확률을 표현한 벤다이어그램은 아래와 같다.

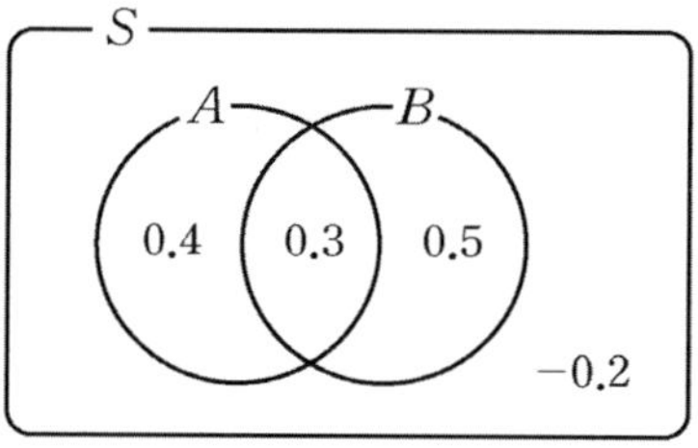

여기에서

$$\mathrm{P}((A \cup B)^c) = 1 - \mathrm{P}(A \cup B) = -0.2 < 0$$

이므로 모순이다. 그러므로 (3)을 만족시키는 사건 A와 B는 존재할 수 없다.

7.3 독립시행

주사위나 동전을 여러 번 던지는 경우와 같이 어떤 시행을 되풀이할 때 매회 일어나는 사건이 서로 독립인 경우, 이 시행을 **독립시행**(independent trials)이라 한다.

1회의 시행에서 사건 A가 일어날 확률이 p, 일어나지 않을 확률이 q인 독립시행을 n회 시행할 때, 사건 A가 k번 일어날 확률은

$$ {}_{n}\mathrm{C}_{k}p^{k}q^{n-k} $$

이 된다. 여기에서 $q=1-p$이고, $k=0,\ 1,\ 2,\ \cdots,\ n$이다.

예 7-4 주사위 하나를 10회 던졌을 때 1의 눈이 3회 나올 확률은

$$ {}_{10}\mathrm{C}_{3}\left(\frac{1}{6}\right)^{3}\left(\frac{5}{6}\right)^{7}=120\times\frac{5^{7}}{6^{10}}=0.155\ldots $$

이다.

예 7-5 주사위 하나를 100회 던졌을 때, 1의 눈이 57번 이상 나올 확률은

$$ \sum_{k=57}^{100}{}_{100}\mathrm{C}_{k}\left(\frac{1}{6}\right)^{k}\left(\frac{5}{6}\right)^{100-k} $$

이다. 이 확률은 각각의 값을 구한 후 모두 더해 계산하는 것이 쉽지 않기 때문에, 일반적으로 정규분포로 근사시켜 근삿값을 구한다. 이에 대해서 더 알고 싶은 독자들은 고등학교 교과서에 나오는 이항분포와 정규분포의 관

계를 찾아보기 바란다.

저자가 대학생 시절, 친구가 이런 이야기를 한 적이 있다.

> “최근 들어 나에게 좋은 일이 너무 많이 일어나고 있어서 괜히 걱정이 되. 이러다가 갑자기 정말로 나쁜 일이 생길까봐 걱정이야.”

그때 인생 경험이 부족했던 저자는 세상의 모든 것을 수학으로만 이해하려 했었다. 그래서 이 이야기를 듣고 아래와 같은 위로를 해준 적이 있다.

> “동전을 10번 던졌는데, 계속 앞면이 나왔어. 여기에서 동전을 한 번 더 던졌을 때, 뒷면이 나올 확률은 얼마일까? 확률은 변함없이 $\frac{1}{2}$이야. 이렇게 좋은 일이 연달아 일어났다고, 그 다음에 나쁜 일이 일어날 확률이 높아지는 것은 아니야. 독립시행이거든.”

그때 친구가 오묘한 표정으로 이 이야기가 위로가 되었다고 대답했었다. 지금 생각해보면, 이 친구가 원했던 것은 본인의 불안한 미래에 대한 위로와 공감이었지, 독립시행과 같은 수학적인 설명이 아니었던 것이다. 이 친구가 필자의 이야기를 듣고 얼마나 당황하고 황당했을까를 생각해보면 저자는 20년이 지난 지금도 한없이 부끄러워진다.

6장에서 다루었던 유치원 선발 방식과 같이, 수학적으로 올바르고 정당한 것이 항상 바람직한 것은 아니다. 때로는 수학적으로 적절치 않은 선택들이 사람들의 삶을 더 풍요롭고 여유롭게 하기도 한다. 확률 문제의 경우 실생활의 의사결정과 밀접한 관련이 있는 경우가 많아서 확률값을 절대적인 판단 기준으로 삼기 쉬우나, 사람들의 의사결정에는 이성적인 부분만큼 감정적인 부분도 함께 고려되어야 한다는 사실을 명심해야 한다.

7.4 유죄 판결의 근거가 된 잘못된 확률 계산

샐리 클라크(Sally Clark, 1964~2007)는 영아 급사 증후군으로 두 아이를 잃은 영국 여성이다. 영아 급사 증후군이란 건강한 영아가 불분명한 이유로 갑자기 사망하는 것인데, 1996년에 그녀의 첫째 아이가, 1998년에는 둘째 아이가 사망하였다. 그녀는 1999년에 두 아이를 살해한 혐의로 재판을 받게 되었는데, 당시에 소아과 의사는 급사 증후군으로 건강한 영아가 사망할 통계적 확률이 8500분의 1이기 때문에, 두 아이가 모두 사망할 확률은 8500분의 1의 제곱인 7300만분의 1이라고 주장하였다. 검찰은 그녀가 결백할 확률이 7300만분의 1이라고 주장하였고, 결국 그녀는 2000년에 유죄 판결을 받아 구속되었다.

하지만 2001년에 영국통계학회(Royal Statistical Society)는 법원에서

통계를 오용하는 것에 대해 우려를 표명하는 공개 성명을 발표했고, 7300만분의 1이라는 확률에 통계적 근거가 없다는 점을 지적하였다. 2003년 항소심에서는 검찰이 확률을 잘못 해석한 것이 인정을 받았고, 자녀들의 병사(病死)에 대한 증거들이 추가로 제시되어 그녀는 결국 무죄 판결을 받았다.

확률이 7300만분의 1이라는 계산의 가장 큰 문제점은, 두 아이가 급사 증후군으로 사망하는 사건을 서로 독립이라 간주했다는 것이다. 우리가 알고 있는 많은 질병은 가족력과 관련이 있으며, 한 아이가 아플 때 그 아이의 형제자매가 동일한 질병으로 아플 확률은 서로 독립이 아니다. 아직은 신뢰할만한 통계 데이터가 없지만, 한 아이가 급사 증후군으로 사망했을 때, 그 아이의 형제자매도 급사 증후군으로 사망할 확률은 8500분의 1보다 크게 높을 것이라는 사실은 쉽게 예상할 수 있다.

설령 그녀에게 7300만분의 1의 확률인 사건이 실제로 벌어졌다고 하더라도, 이것이 그녀가 두 아이를 살해한 정황 증거가 될 수는 없다. 아무리 낮은 확률이라도, 다수의 사람을 생각할 때에는 누군가에게는 낮은 확률의 사건이 일어날 수 있기 때문이다. 그리고 통계적으로는 두 영아가 모두 부모에게 살해당할 확률은 두 영아가 급사 증후군으로 사망하는 확률보다 더욱 낮다[1]고 한다.

샐리 클라크의 2003년 무죄 판결 이후 영국의 법무부 장관은 자녀 살해와 관련된 수백 개의 다른 사건들을 처음부터 다시 검토하라는 명령을 내렸다. 그 이후 영아 살해로 유죄 판결을 받았던 영국의 일부 여성들이 판결을 뒤집고 석방되기도 하였다.

---

1 물론 이러한 확률은 모두 통계적 확률이며, 부모에게 살해당했으나 밝혀지지 않은 사건들이 많다면 확률값은 크게 달라질 수 있다.

PART 08

몬티 홀 문제

8.1 몬티 홀 문제

몬티 홀 문제는 큰 논란이 있었던 유명한 확률 문제이다. 이 문제가 흥미로운 것은, 일반인뿐만 아니라 수학이나 통계학을 전공한 전문가들도 이 문제의 풀이를 헷갈려한다는 것이다. 이 문제에 대한 설득력 있는 좋은 해설은 많지 않은데, 아래 참고 문헌에 좋은 해설이 있어서 이를 참고하여 독자들에게 몬티 홀 문제를 소개하겠다.

콜린 배버리지 (2018). **일상에 숨겨진 수학 이야기**. 용인: 소우주출판사.

문제 8.1 **몬티 홀 문제** 미국의 유명한 TV 게임쇼인 "거래를 합시다(Let's Make a Deal)"에서 최종 우승자는 마지막에 3개의 문 중 하나를 선택하여 그 문 뒤에 놓인 상품을 받게 된다. 3개의 문 중 하나에는 최고급 자동차가 있지만, 나머지 2개의 문 뒤에는 염소[1]가 놓여 있다. 우승자가 문을 선택하고 나면, 이 게임쇼의 진행자인 몬티 홀(Monty Hall)은 우승자가 선택하지 않은 문 중에서 염소가 놓인 것을 하나 열어준다. 그 후 우승자는 남아있는 다른 문으로 선택을 바꿀 기회가 주어지는데, 이때 우승자는 문을 바꾸는 것이 유리할까? 아니면 우승자가 문을 바꾸는 것은 자동차 당첨 확률에 영향이 없을까?

1 자동차에 비해 값어치가 형편없는 상품을 의미한다. 사실 오늘날은 염소가 싸구려 상품이 아니기 때문에, 염소 대신 현금 만 원 정도로 바꾸어 생각하는 것이 적절할 수도 있다.

풀이 먼저 우승자가 문을 바꾸지 않는 경우를 생각하자. 우승자가 처음 자동차가 있는 문을 선택할 확률은 $\frac{1}{3}$이고, 이 경우 자동차에 당첨된다. 마찬가지로 처음 자동차가 없는 문을 선택할 확률은 $\frac{2}{3}$이고, 이 경우 자동차에 당첨되지 못한다.

이제 우승자가 문을 바꾸는 경우를 생각하자. 우승자가 처음 자동차가 있는 문을 선택할 확률은 $\frac{1}{3}$이고, 이 경우 중간에 문을 바꾸기 때문에 자동차에 당첨되지 못한다. 우승자가 처음에 염소가 있는 문을 선택할 확률은 $\frac{2}{3}$이고, 이 경우 중간에 문을 바꾸기 때문에 자동차에 당첨이 된다.

위의 두 확률로부터, 문을 바꾸는 것이 바꾸지 않는 것보다 2배나 더 유리함을 알 수 있다. ▣

위의 **풀이**가 일반적으로 널리 알려진 것이지만, 많은 이들이 이 풀이를 인정하는 데에 정서적인 어려움[2]을 겪는다. 특별히 몬티 홀이 염소가 있는 문을 하나 열어주기 때문에, 결국에는 남은 두 개의 문 중 하나를 선택하는 상황으로 생각하여, 문을 바꾸는지 여부에 상관없이 자동차에 당첨될 확률

2 20세기의 가장 위대한 수학자 중 한 명으로 손꼽히는 폴 에어디시(Paul Erdös, 1913~1996)도 처음에는 이 풀이를 인정하지 못했다고 알려져 있다.

이 항상 $\frac{1}{2}$이라 주장하는 이들이 대단히 많다.

더 자세한 풀이를 보기에 앞서, 먼저 이 문제의 **풀이**에 대한 잘못된 선입견을 없앨 필요가 있다. 위의 풀이가 옳다는 것이 납득이 되지 않는 이들은 먼저 인터넷에서 "Monty Hall problem simulation"으로 검색[3]하여 몬티 홀 문제를 직접 체험해보기 바란다. 문을 바꿀 때 실제로 당첨 가능성이 높아지는 것을 실제로 여러 번 경험하고 나면, 본인이 가진 선입견이 잘못되었다는 것을 인정할 수 있는 정서적인 준비가 될 것이다.

참고로 어떤 이들은 위의 **풀이**는 문을 바꾸는지 여부를 게임을 시작하기 전에 먼저 결정하였기 때문에, 실제 몬티 홀 문제와는 다르다고 주장하기도 한다. 하지만 문을 바꿀지 여부를 게임을 시작하기 전에 결정하는 것과 몬티 홀이 문을 열어준 후에 결정하는 것에는 아무런 차이가 없다. 이것도 납득이 되지 않는다면, 몬티 홀 시뮬레이션을 통해 직접 체험해보기 바란

---

3 워낙 유명한 문제이기 때문에, 수많은 웹사이트에서 시뮬레이션을 제공하고 있다.

다. 몬티 홀 문제를 이해하려 할 때에는 본인이 가진 선입견이 크게 방해가 될 수 있다는 것에 주의해야 한다.

8.2 몬티 홀 문제의 자세한 풀이

문제 8.1 몬티 홀 문제에서 문을 바꿀 때 당첨 확률이 높아지는 이유는, 몬티 홀이 **우승자가 선택하지 않은 문**을 열어주기 때문이다. 만일 몬티 홀이 **우승자가 선택한 문도 열 수 있으면** 확률은 정말로 $\frac{1}{2}$이 된다. 이에 대해서는 다음 장의 **문제 8.2 변형된 몬티 홀 문제**에서 자세히 설명하겠다.

몬티 홀 문제를 이해하기 위해서는 극단적인 상황을 생각하는 것이 도움이 된다. 문이 100개가 있고, 1개의 문 뒤에만 자동차가 있다고 생각하자. 우승자가 문을 하나 선택한 후, 몬티 홀이 선택되지 않은 문 중에서 염소가 있는 것 98개를 열어주었다. 그러면 문을 바꾸는 것이 당연히 유리하지 않겠는가! 많은 이들이 이러한 극단적인 상황을 통해 문을 바꾸는 것이 유리함을 이해하지만, 이 상황이 **문제 8.1**과는 다르기 때문에 여전히 혼란스러워하는 이들도 많다.

몬티 홀 문제를 독자들이 쉽게 이해할 수 있도록 이제 자세한 풀이를 소개하겠다.

문제 8.1 별해 먼저 세 문을 각각 A, B, C라 두고, A 뒤에 자동차가 있다고 생각하자. 이제부터 모든 상황에 대한 확률을 구하려 한다.

우승자가 처음에 A 문을 선택할 확률은 $\frac{1}{3}$이다. A 문을 선택했다면 몬티 홀은 B나 C 중 하나를 선택하여 열 수 있으며, 여기에서 B를 열 확률은 $\frac{1}{2}$, C를 열 확률도 $\frac{1}{2}$이다. 그 후 우승자가 문을 바꾸지 않을 확률은 $\frac{1}{2}$이고, 문을 바꿀 확률도 $\frac{1}{2}$이다. 이러한 상황을 수형도와 순서쌍으로 표시하면 다음과 같다.

우승자 선택	몬티 홀 선택	최종 선택	순서쌍	확률
A	$\frac{1}{2}$ → B	$\frac{1}{2}$ → A	(A, B, A)	$\frac{1}{3}\times\frac{1}{2}\times\frac{1}{2}=\frac{1}{12}$
		$\frac{1}{2}$ → C	(A, B, C)	$\frac{1}{3}\times\frac{1}{2}\times\frac{1}{2}=\frac{1}{12}$
	$\frac{1}{2}$ → C	$\frac{1}{2}$ → A	(A, C, A)	$\frac{1}{3}\times\frac{1}{2}\times\frac{1}{2}=\frac{1}{12}$
		$\frac{1}{2}$ → B	(A, C, B)	$\frac{1}{3}\times\frac{1}{2}\times\frac{1}{2}=\frac{1}{12}$

우승자가 처음에 B 문을 선택할 확률은 $\frac{1}{3}$이며, C를 선택할 확률도 마찬가지로 $\frac{1}{3}$이다. 이 두 가지 경우에 대한 수형도는 아래와 같다. 여기에서는 몬티 홀이 열 수 있는 문이 하나밖에 없다는 사실에 주의하자.

우승자 선택	몬티 홀 선택	최종 선택	순서쌍	확률
B	1 → C	$\frac{1}{2}$ → B	(B, C, B)	$\frac{1}{3}\times 1\times\frac{1}{2}=\frac{1}{6}$
		$\frac{1}{2}$ → A	(B, C, A)	$\frac{1}{3}\times 1\times\frac{1}{2}=\frac{1}{6}$
C	1 → B	$\frac{1}{2}$ → C	(C, B, C)	$\frac{1}{3}\times 1\times\frac{1}{2}=\frac{1}{6}$
		$\frac{1}{2}$ → A	(C, B, A)	$\frac{1}{3}\times 1\times\frac{1}{2}=\frac{1}{6}$

그러므로 몬티 홀 문제의 모든 상황은 A, B, C를 성분으로 갖는 순서쌍으로 표현할 수 있으며, 몬티 홀 문제의 표본공간은 다음과 같이 만들 수 있다.

$$S=\{(\mathrm{A,B,A}),\ (\mathrm{A,B,C}),\ (\mathrm{A,C,A}),\ (\mathrm{A,C,B}),\ (\mathrm{B,C,B}),\ (\mathrm{B,C,B}),\ (\mathrm{B,C,A}),\ (\mathrm{B,C,A}),\ (\mathrm{C,B,C}),\ (\mathrm{C,B,C}),\ (\mathrm{C,B,A}),\ (\mathrm{C,B,A})\}$$

여기에서 (A, B, A)보다 (B, C, B)가 나타날 빈도가 2배 더 많기 때문에, 3장에서 살펴본 바에 따라 빈도가 2배인 근원사건들은 2번씩 중복하여 표기하였다.

X를 우승자가 문을 바꾸는 사건이라 두고, Y를 우승자가 자동차에 당첨되는 사건이라 두자. 그러면

$$X=\{(\mathrm{A,B,C}),(\mathrm{A,C,B}),(\mathrm{B,C,A}),(\mathrm{B,C,A}),(\mathrm{C,B,A}),(\mathrm{C,B,A})\},$$
$$Y=\{(\mathrm{A,B,A}),(\mathrm{A,C,A}),(\mathrm{B,C,A}),(\mathrm{B,C,A}),(\mathrm{C,B,A}),(\mathrm{C,B,A})\},$$
$$X\cap Y=\{(\mathrm{B,C,A}),(\mathrm{B,C,A}),(\mathrm{C,B,A}),(\mathrm{C,B,A})\}$$

가 된다. 그러므로

$$\mathrm{P}(Y|X)=\frac{n(X\cap Y)}{n(X)}=\frac{4}{6}=\frac{2}{3}$$

이 성립한다. 그리고

$$\mathrm{P}(Y|X^c)=\frac{n(X^c\cap Y)}{n(X^c)}=\frac{n(Y)-n(X\cap Y)}{n(S)-n(X)}=\frac{6-4}{12-6}=\frac{2}{6}=\frac{1}{3}$$

이 성립함을 확인할 수 있다. 그러므로 문을 바꾸는 것이 2배 더 유리하다.

▣

8.3 변형된 몬티 홀 문제

문제 8.1 **몬티 홀 문제**의 상황은, 몬티 홀이 처음에 염소가 있는 문을 하나 열어준 후 우승자가 남은 문을 하나 선택하는 상황과는 완전히 다르다는 것에 주의해야 한다. 몬티 홀 문제에서는 몬티 홀이 문을 열 때에 아무 문이나 선택하여 여는 것이 아니라, **우승자가 선택하지 않은 문**만을 선택하여 열 수 있다. 이러한 이유로 우승자가 처음 어떤 선택(자동차를 골랐는지, 혹은 염소를 골랐는지 여부)을 했는지가 몬티 홀의 선택에 영향을 끼치게 되고 이에 따라 자동차 당첨 확률이 결정된다.

그렇다면 몬티 홀이 염소가 있는 문을 제한없이 선택하여 열어줄 수 있도록 문제를 변형한다면, 확률이 어떻게 변하게 될까?

문제 8.2 **변형된 몬티 홀 문제** 몬티 홀 문제와 동일하게 문이 3개 있고, 한 개의 문 뒤에만 고급 자동차가 있으며, 우승자는 세 문 중 하나를 선택한다. 그 후 몬티 홀이 염소가 있는 두 개의 문 중 하나를 열어준다. 만일 우승자가 선택했던 문을 몬티 홀이 열었다면 우승자는 문을 무조건 바꾸어 선택해야 하며, 우승자가 선택하지 않은 문을 몬티 홀이 열었다면 우승자는 문을 바꿀 수도 있고 바꾸지 않을 수도 있다.

여기에서 우승자가 문을 바꾸었을 때 자동차에 당첨될 확률과, 문을 바꾸지 않았을 때 자동차에 당첨될 확률은 각각 얼마인가?

풀이 세 문을 A, B, C라 두고, A 뒤에 자동차가 있다고 하자. 이 문제에서 발생하는 모든 경우를 수형도와 순서쌍으로 표현하면 다음과 같다.

우승자 선택	몬티 홀 선택	최종 선택	순서쌍	확률
A	$\frac{1}{2}$ B	$\frac{1}{2}$ A	(A, B, A)	$\frac{1}{3}\times\frac{1}{2}\times\frac{1}{2}=\frac{1}{12}$
		$\frac{1}{2}$ C	(A, B, C)	$\frac{1}{3}\times\frac{1}{2}\times\frac{1}{2}=\frac{1}{12}$
	$\frac{1}{2}$ C	$\frac{1}{2}$ A	(A, C, A)	$\frac{1}{3}\times\frac{1}{2}\times\frac{1}{2}=\frac{1}{12}$
		$\frac{1}{2}$ B	(A, C, B)	$\frac{1}{3}\times\frac{1}{2}\times\frac{1}{2}=\frac{1}{12}$
B	$\frac{1}{2}$ B	$\frac{1}{2}$ A	(B, B, A)	$\frac{1}{3}\times\frac{1}{2}\times\frac{1}{2}=\frac{1}{12}$
		$\frac{1}{2}$ C	(B, B, C)	$\frac{1}{3}\times\frac{1}{2}\times\frac{1}{2}=\frac{1}{12}$
	$\frac{1}{2}$ C	$\frac{1}{2}$ A	(B, C, A)	$\frac{1}{3}\times\frac{1}{2}\times\frac{1}{2}=\frac{1}{12}$
		$\frac{1}{2}$ B	(B, C, B)	$\frac{1}{3}\times\frac{1}{2}\times\frac{1}{2}=\frac{1}{12}$
C	$\frac{1}{2}$ B	$\frac{1}{2}$ A	(C, B, A)	$\frac{1}{3}\times\frac{1}{2}\times\frac{1}{2}=\frac{1}{12}$
		$\frac{1}{2}$ C	(C, B, C)	$\frac{1}{3}\times\frac{1}{2}\times\frac{1}{2}=\frac{1}{12}$
	$\frac{1}{2}$ C	$\frac{1}{2}$ A	(C, C, A)	$\frac{1}{3}\times\frac{1}{2}\times\frac{1}{2}=\frac{1}{12}$
		$\frac{1}{2}$ B	(C, C, B)	$\frac{1}{3}\times\frac{1}{2}\times\frac{1}{2}=\frac{1}{12}$

위의 수형도로부터 이 문제의 표본공간은 다음과 같이 만들 수 있다.

$$\begin{aligned} S=\{&(A, B, A), (A, B, C), (A, C, A), (A, C, B), \\ &(B, B, A), (B, B, C), (B, C, A), (B, C, B), \\ &(C, B, A), (C, B, C), (C, C, A), (C, C, B)\} \end{aligned}$$

X를 우승자가 문을 바꾸는 사건이라 두고, Y를 우승자가 자동차에 당첨되는

사건이라 두자. 그러면

$$X=\{(A,B,C),\ (A,C,B),\ (B,B,A),\ (B,B,C),\\ (B,C,A),\ (C,B,A),\ (C,C,A),\ (C,C,B)\},$$
$$Y=\{(A,B,A),\ (A,C,A),\ (B,B,A),\ (B,C,A),\ (C,B,A),\ (C,C,A)\},$$
$$X\cap Y=\{(B,B,A),\ (B,C,A),\ (C,B,A),\ (C,C,A)\}$$

가 된다. 그러므로

$$P(Y|X)=\frac{n(X\cap Y)}{n(X)}=\frac{4}{8}=\frac{1}{2}$$

이 성립하고,

$$P(Y|X^c)=\frac{n(X^c\cap Y)}{n(X^c)}=\frac{n(Y)-n(X\cap Y)}{n(S)-n(X)}=\frac{6-4}{12-8}=\frac{2}{4}=\frac{1}{2}$$

이 성립한다. ▣

사실 **문제 8.2** 변형된 몬티 홀 문제[4]에서는

$$P(Y|X)=\frac{1}{2}=P(Y)$$

가 성립하기 때문에, 두 사건 X와 Y는 독립이다. 그러므로 문을 바꾸는지 여부는 자동차 당첨 확률에 영향이 없다.

이 변형된 몬티 홀 문제에서 보듯이, 만일 몬티 홀이 염소가 있는 문을 어느 것이라도 제한 없이 열 수 있도록 허용해 준다면, 우승자의 처음 선택은 몬티 홀의 선택에 아무런 영향을 끼치지 못한다. 그러므로 이 경우는 몬티 홀이 먼저 문을 하나 열어준 후 우승자가 새롭게 문을 하나 선택하는

4 여기에서 변형된 몬티 홀 문제라는 이름은 저자가 임의로 붙인 것으로, 널리 사용되는 이름이 아니라는 것에 주의할 필요가 있다.

것과 완전히 동일한 상황이 된다.

변형된 몬티 홀 문제(**문제 8.2**)와 원래의 몬티 홀 문제(**문제 8.1**)를 비교해 보면, 몬티 홀이 **우승자가 선택하지 않은 문**만을 선택할 수 있다는 사실이 대단히 중요하다는 것을 알게 된다. 필자는 많은 이들이 몬티 홀 문제의 풀이를 정서적으로 받아들이지 못하는 가장 큰 이유가 바로 몬티 홀 문제와 변형된 몬티 홀 문제를 구분하지 못하기 때문이라 생각한다. 이 책을 읽는 독자들은 이 두 문제의 차이점을 잘 이해하였기를 바란다.

8.4 몬티 홀 문제의 뒷이야기

몬티 홀 문제는 마릴린 보스 사반트(Marilyn vos Savant, 1946~)라는 칼럼리스트 때문에 수학자들과 통계학자들 사이에서 더욱 유명해지게 되었다. 그녀는 세계에서 가장 높은 IQ를 가진 사람으로 기네스북에 등재[5]되었는데, 〈마릴린에게 물어봐(Ask Marilyn)〉이라는 일요일 칼럼을 《퍼레이드(Parade)》라는 잡지에 연재하였다. 이 칼럼은 퍼즐과 여러 문제에 대한 해설을 주로 실었는데, 그녀는 1990년 9월 9일 칼럼에서 몬티 홀 문제에 대한 해설로 8.1장에서 제시했던 풀이를 소개하였다. 그녀의 칼럼이 나온 후, 수많은 수학자들과 통계학자들이 그녀의 풀이가 잘못되었다는 항의 편지를 수천 통이나 보내 큰 논란이 일었다.

5 IQ가 228이라 알려져 있다. 하지만 그녀의 IQ를 측정한 검사들이 부적절하게 수행되었다는 주장들이 있으며, 원래 지능지수 IQ는 인간 지능의 우수함을 정확하게 잘 측정하는 값이 아님에 주의할 필요가 있다. 이러한 이유로 현재의 기네스북에는 가장 높은 IQ를 가진 사람 항목이 삭제되어 있다.

몬티 홀 문제에서는 그녀의 풀이가 정확하였고 수많은 수학자들과 통계학자들이 틀린 걸로 판명되었다. 하지만 그렇다고 마릴린이 다른 문제에서도 항상 옳았던 것은 아니다. 그녀의 다른 칼럼 중에는 수학적으로 완전히 틀린 내용을 담고 있는 것이 다수 있는데, 이로부터 아무리 똑똑한 사람이라도 항상 자신의 생각과 판단이 잘못될 수 있다는 열린 마음가짐을 가져야 한다는 교훈을 얻을 수 있다.

PART 09

기하학적 확률과 확률의 공리적 정의

9.1 기하학적 확률

9장과 10장에서는 표본공간 S가 크기를 가진 무한집합인 경우를 생각한다.

정의 9.1 표본공간 S가 무한집합이고 크기를 가질 때, 어떤 사건 $A \subset S$에 대하여

$$\mathrm{P}(A) = \frac{\text{영역 } A\text{의 크기}}{\text{전체 영역 } S\text{의 크기}}$$

로 정의하는 확률을 A의 **기하학적 확률**이라 한다.

기하학적 확률은 이전에는 고등학교 수학 교육과정에 포함되어 있었지만, 현재는 내용의 어려움 때문에 삭제되어 있다. 하지만 통계 단원에서 연속확률분포를 사용할 때 암묵적으로 기하학적 확률 개념을 사용하고 있다. 연속확률분포에서는 확률이 함수의 적분값으로 주어지는데, 이는 사실 기하학적 확률의 한 가지 예이다.

예 9-1 하루 중 임의의 순간에 확인한 시간이 오후 1시에서 3시 사이일 확률을 구해보자. 하루에는 총 24시간이 있으며, 오후 1시에서 오후 3시까지는 2시간이므로 확률은 $\frac{2}{24} = \frac{1}{12}$이다.

위의 **예 9.1**에서 임의의 순간에 확인한 시간이 정확히 오후 1시일 확률은 얼마인가? 오후 1시는 한순간이므로 확률은 0이 된다. 이렇게 길이로 정의되는 기하학적 확률에서 길이가 0인 사건들은 확률이 0이 된다는 사실에

주의할 필요가 있다. 이것은 사실 시간은 매순간 연속적으로 끊임없이 변하고 있기 때문에, 임의의 순간이 정확히 오후 1시가 되는 것은 불가능하다고 할 수 있다.

현재 초등학교 수학 교과서에서는 확률이 0인 사건을 절대로 일어날 수 없는 사건이라고 소개하고 있다. 하지만 임의의 순간이 오후 1시가 되는 사건은, 비록 그 사건의 확률이 0이라 하더라도, 24시간 중에 반드시 한 번 일어나는 사건이다. 그렇기 때문에 현재의 초등학교 교과서의 확률이 0인 사건에 대한 설명은 수학적으로 옳지 않다. 하지만 수학적으로 옳은 것이 항상 교육적으로도 적절한 것은 아니기 때문에, 교사들은 수학적으로 정확한 이해를 바탕으로 학생들에게 불필요한 오개념이 생기지 않도록 주의해서 지도할 필요가 있다.

독자들이 기하학적 확률에 익숙해 질 수 있도록, 잘 알려진 문제 두 개를 살펴보자.

문제 9.1 한 변의 길이가 10인 정사각형 □ABCD 내부에 점 P를 임의로 잡을 때, △PAB가 둔각삼각형이 될 확률을 구하시오.

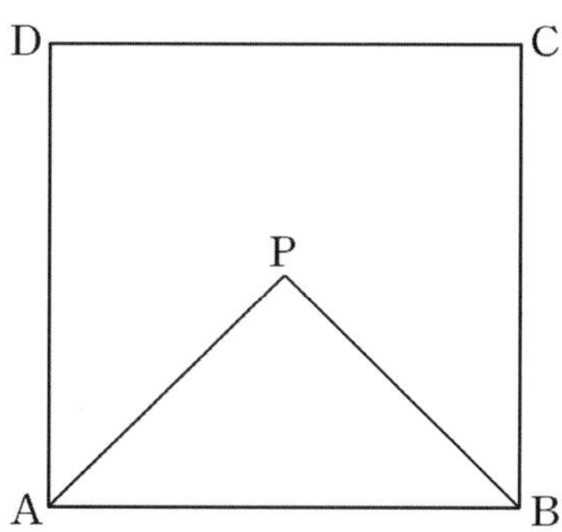

풀이 먼저 점 P가 놓일 수 있는 표본공간은 □ABCD 내부가 되며, 이 영역의 넓이는 100이다. (기하학적 확률의 경우, 표본공간과 사건에 영역의 경계를

포함시키는지 여부는 확률에 영향을 끼치지 않는다.)

$\angle$APB$=90°$를 만족하는 점 P의 자취는 지름을 $\overline{\mathrm{AB}}$로 하는 반원의 호가 되므로, 점 P가 반원 내부에 놓이면 $\angle$APB$>90°$를 만족하게 된다.

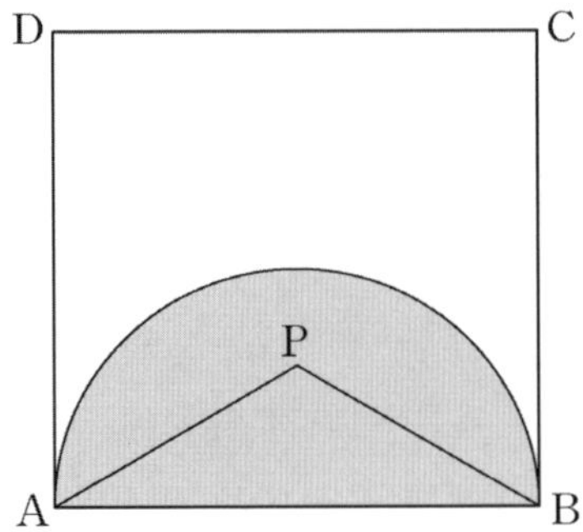

반원의 넓이는 $\frac{25\pi}{2}$이므로, △PAB가 둔각삼각형이 될 확률은

$$\frac{\frac{25\pi}{2}}{100}=\frac{\pi}{8}=0.393\ldots$$

이다. ▣

문제 9.2 길이가 1인 선분 $\overline{\mathrm{AB}}$ 위에 서로 다른 두 점 P, Q를 임의로 잡을 때, $\overline{\mathrm{AP}}<\overline{\mathrm{QB}}$가 성립할 확률을 구하시오.

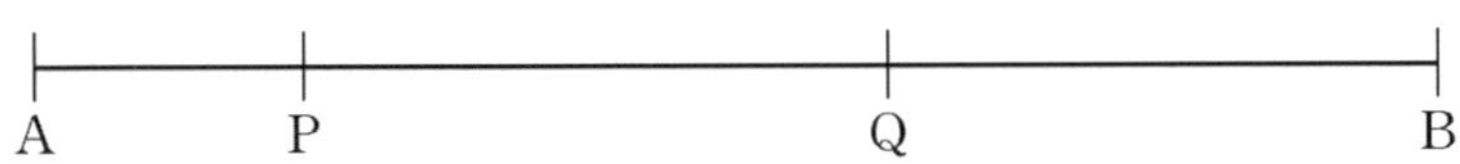

풀이 $\overline{\mathrm{AP}}=x$, $\overline{\mathrm{AQ}}=y$라 두면 표본공간을 $\{(x,y)\,|\,0\le x\le 1, 0\le y\le 1\}$로 둘 수 있으며, 이 표본공간의 넓이는 1이다.

$\overline{\mathrm{QB}}=1-y$이므로, 부등식 $\overline{\mathrm{AP}}<\overline{\mathrm{QB}}$은 $x<1-y$와 동치이다. 표본공간 안에

$$y < -x + 1$$

를 만족하는 점 (x, y)들이 놓인 영역에 색을 칠하면 아래 그림과 같다.

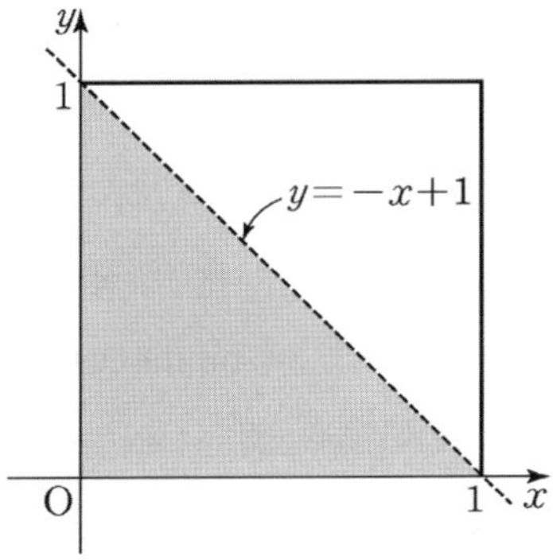

색칠된 영역의 넓이는 $\frac{1}{2}$이므로, 구하고자 하는 확률은 $\frac{1}{2}$이다. ▣

9.2 확률의 공리적 정의

기하학적 확률은 크기가 정의된 표본공간에서 정의가 되는데, 때로는 영역의 크기를 수학적으로 정의하는 것이 대단히 어려울 때가 있다. 예를 들어 구간 $[0, 1)$에서 실수를 임의로 하나 뽑을 때 그 수가 유리수일 확률을 구하고자 한다면, $[0, 1)$에 놓인 유리수들을 모은 집합의 길이[1]를 정의해야 한다. 이러한 이유 때문에 이전에는 직관적으로만 다루어졌던 확률 이론은 20세기가 되어서야 비로소 엄밀하게 정립되었는데, 이는 학교수학에서 다

1 측도론에 따르면 구간 $[0, 1)$에 있는 유리수들을 모은 집합의 길이는 0이 되며, 그러므로 뽑은 수가 유리수일 확률은 0이 된다.

루어지는 모든 수학 내용들 중에 가장 늦은 것이다.

확률 이론을 엄밀하게 정립하는 데에 가장 큰 기여를 한 것은 측도론(measure theory)이다. 측도론이란 실수의 부분집합이나 평면의 부분집합, 공간의 부분집합에 대해 길이, 넓이, 부피를 정의하는 이론이다. 이 부분집합들은 연결되어 있지 않아도 되는데, 예를 들어 자연수 집합, 정수 집합과 유리수 집합은 길이가 0이 되지만, 무리수 집합은 길이가 무한대가 된다. 집합론[2]을 배운 독자라면 자연수 집합, 정수 집합, 유리수 집합은 모두 가부번(denumerable)이므로 셀 수 있는(countable) 집합이지만, 무리수 집합은 비가부번(nondenumerable)이므로 셀 수 없는(uncountable) 집합임을 기억할 것이다. 측도론을 이용하면 수직선, 좌표평면, 좌표공간에 놓인 셀 수 있는 집합은 항상 길이, 넓이, 부피가 0이 됨을 증명할 수 있다.

참고 구간 $[0, 1)$에서 수를 하나 뽑았을 때, 그 수가 유리수일 확률이 0인 이유[3]

구간 $[0, 1)$에 있는 임의의 실수는, 0에서 9까지의 정수에서 수를 무한히 많이 뽑아서 만든 무한수열 $a_n \in \{0, 1, 2, \cdots, 9\}\ (n=1, 2, 3, \cdots)$과 일대일대응[4]이 된다. 실제로 수열 a_n은 다음과 같은 소수전개를 가진 실수

$$0.a_1a_2a_3 \cdots a_n \cdots \in [0, 1)$$

에 대응시킬 수 있다. 그런데 우리가 무한수열 a_n을 임의로 뽑았다면, 임의로 뽑은 무한수열이 일정 항 이후로 계속 0만 나오거나, 계속 같은 주기로 수가 반복될 가능성은 없다고 할 수 있다. 그러므로 임의로 뽑은 무한수열 a_n에 대응하는 실수 $0.a_1a_2a_3 \cdots a_n \cdots$가 유한소수나 순환소수가 될 확률은 0이다.

---

2 자연수 집합과 일대일대응이 되는 무한집합을 **가부번 집합**이라 정의하고, 일대일대응이 되지 않는 무한집합을 **비가부번 집합**이라 정의한다. 유한집합과 가부번집합을 모두 **셀 수 있는 집합**이라 하며, 비가부번 집합을 **셀 수 없는 집합**이라 한다.

3 이 직관적인 설명이 수학적으로 엄밀한 것은 아닌데, 10장의 베르트랑 역설에

소련의 저명한 수학자인 콜모고로브(Kolmogorov, 1903~1987)는 다양한 방식으로 정의되어 사용되었던 확률을 통합하는 보편적인 정의를 다음과 같이 제시하였는데, 이 정의를 **확률의 공리적 정의**라 부른다.

서 살펴볼 수 있듯이 기하학적 확률은 표본공간의 선택에 따라 확률값이 달라질 수 있기 때문이다. 하지만 실수에는 다양한 정의가 존재하는데, 여기에서 무한수열을 이용해 소수전개로 표현되는 수를 실수라고 정의한다면, 이후의 설명이 수학적으로 엄밀함을 논증할 수 있다.

4 사실 실수 중에는 소수 표현이 유일하지는 않은 것들이 있는데, 예를 들면 0.12999⋯=0.13와 같이 9가 순환하는 순환소수들은 항상 유한소수로도 표현할 수 있다. 그러므로 수학적으로 엄밀하게 일대일대응을 만들기 위해서는, 0.12999⋯와 같이 9가 순환하는 소수표현들은 모두 0.13000⋯와 같은 모양으로 바꾸어야 하고, 무한수열에서도 일정 항 이후로 9만 나오는 수열은 제외해야 한다.

정의 9.2 표본공간을 S라 하자.

(1) 임의의 사건 $A \subset S$에 대하여 $0 \le \mathrm{P}(A) \le 1$이 성립하고,

(2) $\mathrm{P}(\varnothing)=0$, $\mathrm{P}(S)=1$이 성립하며,

(3) 서로 배반인 사건들 $A_1, A_2, \cdots, A_n, \cdots$에 대하여

$$\mathrm{P}(A_1 \cup A_2 \cup \cdots \cup A_n \cup \cdots) = \sum_{n=1}^{\infty} \mathrm{P}(A_n)$$

이 성립할 때,

$\mathrm{P}(A)$를 사건 A의 **확률**이라 정의한다.

위의 **정의 9.2**는 확률이 반드시 만족해야 하는 기본 성질들을 제시하고 있으며, 이러한 기본 성질만 만족한다면 어떤 것이라도 확률이라 부를 수 있다고 제안하고 있다.

참고로 아래의 **정리 9.3**도 확률이라면 반드시 만족해야 하는 핵심적인 성질이지만, 위의 **정의 9.2**만으로 유도되기 때문에 굳이 확률의 정의에 포함시키지 않는다.

정리 9.3 표본공간 S의 사건들에 공리적 정의를 만족하는 확률이 정의되어 있다고 하자. 임의의 두 사건 A와 B가 $A \subset B$를 만족하면

$$\mathrm{P}(A) \le \mathrm{P}(B)$$

이 항상 성립한다.

증명 $A \subset B$로부터 두 사건 A와 $B-A$는 서로 배반사건이 된다.

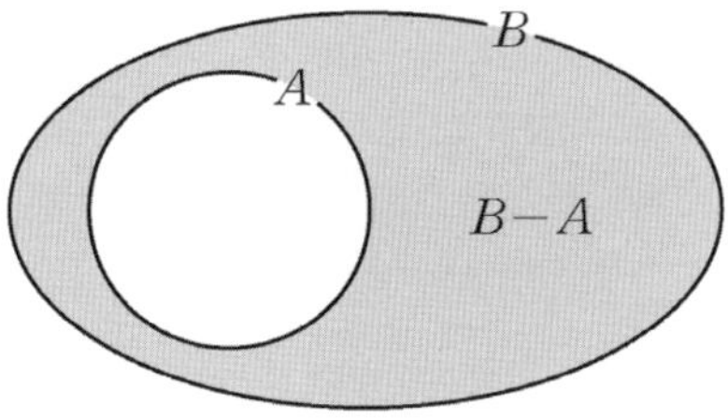

공리적 정의의 세 번째, 첫 번째 조건에 의해

$$\mathrm{P}(B)=\mathrm{P}(A\cup(B-A))=\mathrm{P}(A)+\mathrm{P}(B-A)\geq \mathrm{P}(A)$$

가 성립한다. ■

예 9-2 주사위를 한 번 던지는 표본공간 $S=\{1, 2, 3, 4, 5, 6\}$와 이때의 사건 $A\subset S$에 대하여

$$\mathrm{P}(A)=\frac{A\text{의 원소의 합}}{S\text{의 원소의 합}}$$

으로 정의하자. 예를 들어 $\mathrm{P}(\{1\})=\frac{1}{1+2+\cdots+6}=\frac{1}{21}$, $\mathrm{P}(\{6\})=\frac{6}{21}=\frac{2}{7}$이고, $\mathrm{P}(\{1,3,5\})=\frac{1+3+5}{21}=\frac{9}{21}=\frac{3}{7}$, $\mathrm{P}(\{2, 4, 6\})=\frac{2+4+6}{21}=\frac{12}{21}=\frac{4}{7}$이다. 이때 $\mathrm{P}(A)$는 확률의 공리적 정의를 만족하므로 확률이라 부를 수 있다.

위의 **예 9.2**에서 정의한 확률은 우리가 일반적으로 사용하는 확률과는 다른 값을 가지고 있다. 이로부터 공리적 확률의 정의를 받아들이면 하나의 시행에 대해 서로 다른 여러 가지 확률을 정의할 수 있음을 알 수 있다. 하지만 이러한 여러 가지 확률들이 모두 의미가 있는 것은 아니기 때문에, 문맥과 상황에 맞는 확률을 적절하게 정의하여 사용할 필요가 있다.

PART 10

베르트랑 역설

10.1 기하학적 확률

다음 **문제 10.1**과 **풀이**는 베르트랑(Bertrand, 1822~1900)이 제시한 것으로, 기하학적 확률에 대한 가장 대표적인 역설이다.

문제 10.1 반지름의 길이가 1인 원 안에 임의의 현을 그릴 때, 그 현의 길이가 원에 내접하는 정삼각형의 한 변의 길이[1]보다 클 확률을 구하시오.

풀이 1 현은 반드시 어느 한 지름에 수직이므로, 먼저 지름 $\overline{AB}$를 하나 고정한 후 이 지름에 수직인 현만 생각하자.[2]

---

1 반지름이 1인 원에 내접하는 정삼각형의 한 변의 길이는 $\sqrt{3}$이다.

2 먼저 지름 $\overline{AB}$에 수직인 현만 생각했을 때의 확률은 $\frac{1}{2}$이다. 그 후, 다른 지름 $\overline{A'B'}$을 생각하더라도 여전히 확률은 $\frac{1}{2}$이므로, 처음 선택한 지름과 관계없이

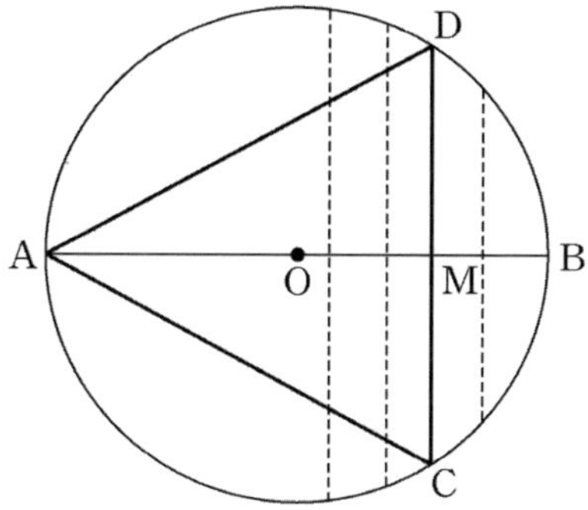

위 그림과 같이 현 $\overline{\mathrm{CD}}$와 지름 $\overline{\mathrm{AB}}$가 만나는 교점을 M이라 두자. (여기에서 현과 지름 위의 점 사이에는 일대일대응이 존재한다.) 여기에서 $\overline{\mathrm{OM}} = \frac{1}{2}$일 때 $\triangle \mathrm{ACD}$가 원에 내접하는 정삼각형이 되므로, $\overline{\mathrm{OM}} < \frac{1}{2}$일 때 $\overline{\mathrm{CD}} > \sqrt{3}$을 만족한다.

지름 $\overline{\mathrm{AB}}$의 길이는 2이고, 지름 위에 $\overline{\mathrm{OM}} < \frac{1}{2}$을 만족하는 점 M의 자취의 길이는 1이므로, 구하고자 하는 확률은 $\frac{1}{2}$이다. ▣

풀이 2 원 위의 한 점 A를 지나는 현만 생각하자.[3] A를 접점으로 하는 접선 l에 대하여, 아래 그림과 같이 l과 현이 이루는 각을 θ라 하자. 그러면 $0 < \theta < 180°$이며, θ와 현 사이에는 일대일대응이 존재한다.

확률은 항상 $\frac{1}{2}$로 일정하다.

3 다른 점 A′을 지나는 현을 생각하더라도 여전히 확률은 $\frac{1}{3}$이므로, 처음 선택하는 점과 관계없이 확률은 항상 $\frac{1}{3}$으로 일정하다.

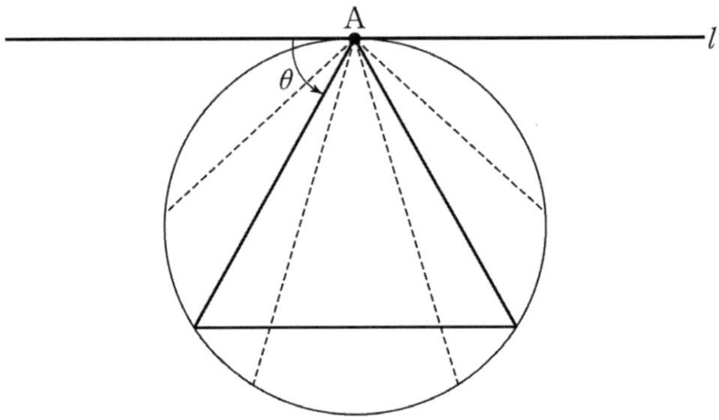

이때 $\theta = 60°$, $120°$이면 현의 길이가 $\sqrt{3}$이 되므로, $60° < \theta < 120°$일 때 현의 길이가 $\sqrt{3}$보다 커지게 된다. 그러므로 확률은 $\frac{60°}{180°} = \frac{1}{3}$이다. ▣

풀이 3 먼저 임의의 현의 중점은 당연히 항상 원 내부에 놓인다. 이에 대한 역으로, 원 내부에 있는 중심이 아닌 임의의 점에 대하여, 이 점을 중점으로 갖는 현은 유일하게 존재한다.[4] 이로부터 원 내부에 있는 중심이 아닌 점들과 원의 지름을 제외한 현들 사이에는 일대일대응이 존재한다는 것을 알 수 있다.

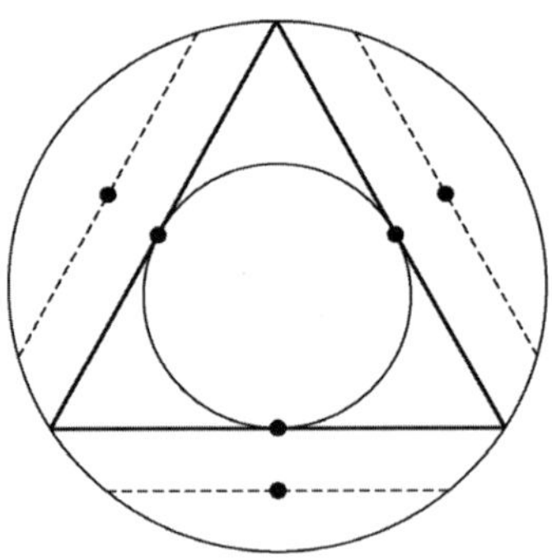

4 원 내부에서 중심이 아닌 한 점 P를 중점으로 갖는 유일한 현은 다음과 같이 찾을 수 있다. 먼저 원의 중심과 P를 포함하는 지름을 그린 후, P점을 지나며 지름에 수직인 현을 그리면 된다.

논의를 간단히 하기 위해 지름이 아닌 현만을 생각[5]하자. 원의 중심을 좌표평면의 원점으로 놓고 이 원의 내부의 점을 $\mathrm{P}(x, y)$라 두면, $\mathrm{P}(x, y)$는 영역 $\{(x, y) \mid 0 < x^2 + y^2 < 1\}$에 놓이므로, 이 영역을 표본공간으로 두자. 이때 점 $\mathrm{P}(x, y)$를 중점으로 가지는 현은 $x^2 + y^2 = \left(\frac{1}{2}\right)^2$을 만족할 때 길이가 $\sqrt{3}$이 되므로, 현의 길이가 $\sqrt{3}$보다 크기 위해서는 이 현에 대응하는 점 $\mathrm{P}(x, y)$가 영역 $\left\{(x, y) \,\middle|\, 0 < x^2 + y^2 < \left(\frac{1}{2}\right)^2\right\}$ 안에 있어야 한다. 그러므로 구하고자 하는 확률은 $\dfrac{\frac{\pi}{4}}{\pi} = \dfrac{1}{4}$이다. ▣

10.2 역설 해설

위의 세 가지 풀이 모두 적절해 보이지만, 서로 다른 확률값을 정답으로 제시하기 때문에 모든 풀이가 정답이 될 수는 없을 것처럼 보인다.

미리 결론부터 밝히면, 이 역설은 **임의의 현을 그릴 때**라는 표현이 모호하기 때문에 발생한 것으로, 위의 세 가지 풀이는 각자의 방식으로 현을 긋는 상황에서의 정답을 제시하고 있다고 할 수 있다.

상황을 더 정확하게 설명하기 위해 **문제 10.1**을 다시 살펴보자. 이 문제의 표본공간은 무엇이 되어야 하는가? 당연히 반지름이 1인 원 안에 놓인

---

5 이후의 풀이 과정에서 확인할 수 있듯이, 지름이 아닌 현들의 표본공간은 넓이를 가진 도형을 이룬다. 하지만 원의 지름을 모은 표본공간은 넓이가 0인 도형이 되기 때문에, 현 중에서 원의 지름들은 모두 빼더라도 기하학적 확률 계산에는 아무런 영향이 없다.

현들의 집합이어야 한다. 이렇게 현들을 모아둔 표본공간에서는 무엇이 크기가 될까? 만일 표본공간이 실수의 부분집합이거나 평면의 부분집합이었다면, 측도론을 이용하여 길이나 넓이를 표본공간이 가진 크기로 생각할 수 있다. 하지만 현들을 모아둔 집합에는 적절한 크기[6]가 정의되어 있지 않다.

문제 10.1의 세 가지 풀이들은 현을 그리는 서로 다른 세 가지 방법을 제시하고 있으며, 각각의 방법은 서로 다른 표본공간을 결정한다. 예를 들어 **풀이 1**에서는 먼저 지름을 하나 선택했는데, 이 경우는 선택된 지름 위의 점들의 집합이 표본공간이 된다. **풀이 2**에서는 접선과 현이 이루는 각들의 집합이 표본공간이 되며, **풀이 3**에서는 원 내부의 원점이 아닌 점들의 집합이 표본공간이 된다. 각각의 풀이에 등장하는 표본공간들에는 선분의 길이(**풀이 1**의 경우)와 각의 크기(**풀이 2**의 경우)와 도형의 넓이(**풀이 3**의 경우)가 존재하며, 각각의 풀이에서는 그 표본공간에 부여된 자연스러운 크기를 활용하여 확률을 계산하였다. 즉, 세 풀이 모두 각자의 방식으로 현을 그릴 때의 적절한 풀이와 답이라 할 수 있다.

10.3 변형된 문제

베르트랑 역설은 문제와 풀이가 다소 복잡해서, 독자들이 상황을 정확히 이해하기 위해서는 다소 시간이 걸린다는 단점이 있다. 그래서 베르트랑

6 여기에서 크기란 현의 집합에 음이 아닌 실수를 대응시키는 함수로, 현을 많이 가진 집합의 크기가 현을 조금 가진 집합의 크기보다 커지는 성질을 만족해야 한다.

역설과 본질적으로 동일하지만 상황은 이해하기 쉽게 변형한 문제를 하나 더 제시한다.

문제 10.2 좌표평면에서 원점을 지나는 직선을 임의로 하나 그릴 때, 그 직선이 영역 $D=\{(x,\ y)\mid -|x|<y<|x|\}$에 놓일 확률을 구하시오. (여기에서 영역 D는 아래 그림의 색칠된 영역이다.)

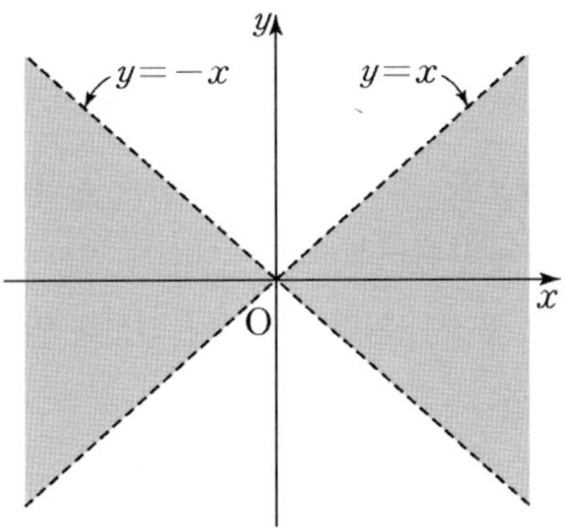

풀이 1 원점을 지나는 임의의 직선이 x축의 양의 방향과 이루는 각을 θ라 두면 $-90°<\theta\leq 90°$가 성립하고, θ와 원점을 지나는 직선 사이에는 일대일대응이 존재한다. 그러므로 표본공간은 $\{\theta\mid -90°<\theta\leq 90°\}$이고, 사건은 $\{\theta\mid -45°<\theta<45°\}$가 된다. 그러므로 구하는 확률은 $\dfrac{90°}{180°}=\dfrac{1}{2}$이다.

풀이 2 원점을 지나는 직선의 기울기를 a라 두면 a는 임의의 실수 또는 ∞가 될 수 있으며, 기울기 a와 원점을 지나는 직선 사이에는 일대일대응이 존재한다. 그러므로 표본공간은 실수 전체의 집합에 ∞를 추가한 $\mathbb{R}\cup\{\infty\}$이 되며, 사건은 열린구간 $(-1,\ 1)=\{x\mid -1<x<1\}$이 된다. 표본공간 $\mathbb{R}\cup\{\infty\}$의 길이는 ∞이므로, 구하는 확률은 $\dfrac{2}{\infty}=0$이다. ▣

문제 10.2의 표본공간은 원점을 지나는 직선들을 모은 집합이다. 하지만 이 집합에는 적절한 크기가 정의되어 있지 않다. 그렇기 때문에 **풀이 1**에서는 표본공간을 $\{\theta \mid -90° < \theta \le 90°\}$로 바꾸어 문제를 해결하였고, **풀이 2**에서는 표본공간을 $\mathbb{R} \cup \{\infty\}$으로 바꾸어 문제를 해결하였으며, 이러한 표본공간들에는 적절한 크기가 정의되어 있다.

여기에서 주의해야 할 것이 있다. 각각의 표본공간들끼리는 모두 일대일대응이 존재한다는 것이다. 실제로 **풀이 1**의 θ와 **풀이 2**의 a 사이에는 $a = \tan\theta$라는 관계가 성립[7]하는데, 여기에서 'tan 함수'는 일대일대응이다. 그러므로 일대일대응은 일반적으로 크기를 보존하지 않는다는 사실을 알 수 있으며, 기하학적 확률을 계산할 때에는 표본공간을 일대일대응이 되는 다른 집합으로 함부로 바꾸면 안된다는 사실도 알 수 있다.

결론적으로 **문제 10.2**에서도 **원점을 지나는 직선을 임의로 하나 뽑을 때**라는 표현에 문제가 있음을 알 수 있다. 직선을 하나 뽑는 방법이 명시되지 않은 상황에서는 표본공간에 적절한 크기가 부여되어 있지 않으며, 직선을 뽑는 방법이 명시가 되어야 비로소 그에 따른 표본공간과 사건의 크기가 결정된다. 그리고 서로 다른 표본공간은 서로 다른 확률값을 결정할 수도 있음을 알 수 있다.

결국 기하학적 확률 문제들은 항상 표본공간이 명확하도록 제시되어야 하며, 만일 문제의 표본공간이 모호하다면 서로 다른 여러 가지 답이 나올 수도 있다는 사실에 주의할 필요가 있다. 이렇게 기하학적 확률 문제에서는 하나의 문제에 대하여 서로 다른 여러 가지 답이 나오게 되더라도, 각각의 답은 모두 특정한 표본공간에서의 확률값이 되기 때문에 모두 확률로서의 의미를 가지게 된다. 이렇게 확률이라는 개념은 다양한 상황들을 모두

7 $\tan 90° = \infty$라 정의한다.

포괄할 수 있어야 하기 때문에, 오늘날에는 9장에서 소개했던 확률의 공리적 정의를 널리 사용하게 되었다.

PART 11

조사의 역설

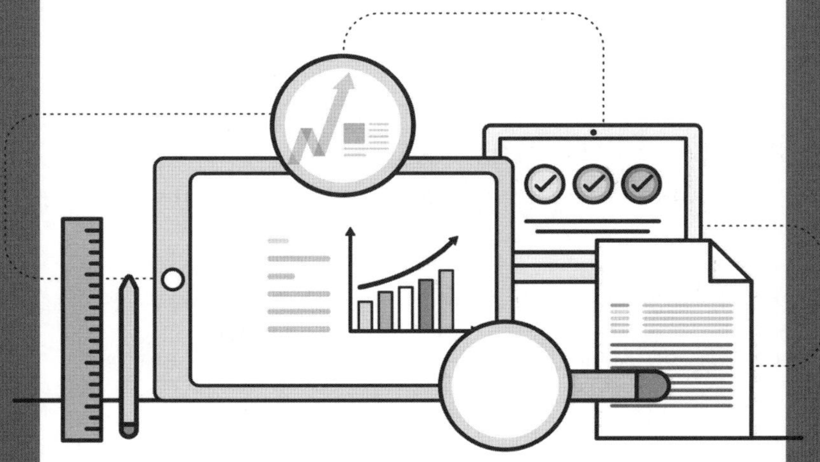

11.1 버스를 기다리는 시간의 기댓값

"한 버스 정류장에는 버스가 20분 간격으로 온다. 어떤 사람이 임의의 시각에 이 버스 정류장에 왔다면, 이 사람이 버스를 기다리는 시간의 기댓값은 얼마인가?"

이 질문에 대한 답은 당연히 10분이다. 임의의 $a < 10$에 대하여, 기다리는 시간이 10분에서 $10 + a$분 사이일 확률과 $10 - a$분에서 10분까지일 확률은 항상 같으므로 기댓값은 10분이 된다.[1]

이제 문제의 상황을 바꾸어 보자. "한 버스 정류장에 버스가 오는데, 버스가 정류장에 도착하는 시간 간격의 **평균**이 20분이라 하자. 어떤 사람이 임의의 시각에 버스 정류장에 왔다면, 이 사람이 버스를 기다리는 시간의 기댓값은 어떻게 되는가? 이 기댓값은 여전히 10분인가, 아니면 10분보다 크거나 작은가?"

이 상황이 이전 문제 상황과 동일해 보일 수도 있으나, 예를 통해 계산을 해보면 기댓값이 10분보다 커진다는 것을 확인할 수 있다. 예를 들어, 버스가 정류장에 10분, 20분, 30분 간격으로 도착하고 있다고 하자. 버스 도착 시간을 구체적으로 지정하면, 1시에서 2시 사이에 버스가

1시, 1시 10분, 1시 30분, 2시

에 정류장에 도착한다고 하자.

이제 한 사람이 1시에서 2시 사이의 임의의 시각에 버스 정류장에 도착

---

1 엄밀하게 계산하려면 확률밀도함수를 이용해야 한다. 이 경우 확률밀도함수가 $f(x) = \dfrac{1}{20}$이므로, 기댓값은 $\displaystyle\int_0^{20} xf(x)dx = \int_0^{20} \frac{x}{20}dx = 10$이 된다.

하였다고 하자. 그러면 이 사람이 1시에서 1시 10분 사이에 도착할 확률은 10/60이고, 1시 10분에서 1시 30분 사이에 도착할 확률은 20/60이며, 1시 30분에서 2시 사이에 도착할 확률은 30/60이다. 이 사람이 1시에서 1시 10분 사이에 도착하였다면 이 사람이 버스를 기다리는 시간의 기댓값은 5분이고, 1시 10분에서 1시 30분 사이에 도착하였다면 기다리는 시간의 기댓값은 10분이며, 1시 30분에서 2시 사이에 도착하였다면 기다리는 시간의 기댓값은 15분이 된다. 그러므로 버스를 기다리는 시간의 기댓값은

$$5\times\frac{10}{60}+10\times\frac{20}{60}+15\times\frac{30}{60}=\frac{70}{6}\approx 11.67$$

으로 10분보다 더 커진다.

일반적으로 버스가 도착하는 시간의 간격이 평균이 20분인 경우에는, 임의의 시각에 도착한 한 사람이 버스를 기다리는 시간의 기댓값은 항상 10분 이상이 된다. 왜냐하면 한 사람이 임의의 시각에 버스 정류장에 도착하였다면, 그 시각이 버스가 도착하는 시간 간격의 긴 구간에 놓일 확률이 짧은 구간에 놓일 확률보다 더 높기 때문이다. 위의 예에서는 도착 시각이 10분 간격에 놓일 확률은 10/60인 반면, 30분 간격에 놓일 확률은 30/60이므로, 기댓값은 긴 간격의 시간에 더 큰 영향을 받게 되어 10분 이상이 된다.

이러한 현상은 길이에 편향된 표집(length-biased sampling)에 의해 발생하는 것으로, 이에 따른 결과는 '**조사의 역설**(inspection paradox)'이라 불린다. 여기에서 길이에 편향된 표집이란 더 긴 길이를 가진 표본이 샘플로 더 많이 뽑히는 상황을 나타낸다.

11.2 봉사활동 참가자 수의 평균

B 대학에는 다양한 봉사활동 프로그램이 있다. 이 대학에서 각 봉사활동 프로그램에 참여한 학생 수의 평균을 조사하였는데, 그 평균값이 4명이었다고 하자. 이는 각 봉사활동 프로그램에 평균적으로 4명의 참여자가 있었다는 것을 의미한다.

이제 이 대학에서 학생들이 참여한 봉사활동 프로그램에 있었던 학생 수의 평균을 **학생들에게서** 조사하였다. 그 결과 평균값이 9명이었다고 하자. 이는 학생들이 참여했던 봉사활동 프로그램에는 평균적으로 9명의 참여자가 있었다는 것을 의미한다. 왜 이러한 차이가 발생하게 된 것일까?

이러한 차이는 조사의 역설 때문에 발생한 것이다. 학생들을 대상으로 조사를 하였을 경우, 참여자 수가 적었던 봉사활동 프로그램은 학생들이 적게 보고하는 반면, 참여자 수가 많았던 봉사활동 프로그램은 학생들이 더 자주 보고하게 된다. 그러므로 학생들이 보고한 평균에서는 참여자 수가 많았던 프로그램에 가중치가 부여되어 평균값이 상승하게 된 것이다.

11.3 최첨단 강의실 활용도

어느 초등학교에 최첨단 강의실을 설치하게 되었다. 이 학교의 교감 선생님은 최첨단 강의실이 얼마나 잘 활용되고 있는지를 확인하고 싶어졌다. 전체 교직원을 대상으로 조사하는 것은 부담스럽고 번거로우므로, 교감 선생님께서는 하루 동안 최첨단 강의실 앞에서 기다리며 그날 최첨단 강의실에서 수업을 마친 교사들을 대상으로 최첨단 강의실 사용 현황에 대한 설문을 시행하였다. 이러한 조사의 문제점은 무엇인가?

하루 동안 최첨단 강의실을 활용한 사람을 대상으로 강의실의 활용도를 조사하면, 강의실의 활용도는 실제 사용되는 것보다 더 높게 나오게 된다. 왜냐하면 최첨단 강의실을 자주 활용하는 교사들이 인터뷰 대상이 될 확률이 높기 때문이다. 즉 길이에 편향된 표집이 발생하기 때문에, 조사의 역설이 생기게 된다.

그렇다면 어떻게 설문을 해야 조사의 역설을 피할 수 있는가? 설문 대상자를 결정할 때 길이에 편향된 표집을 피하고 랜덤 표집을 진행하면 되는데, 예를 들면 각 학년의 2반을 담임하는 교사들을 찾아가서 설문하는 방법을 생각할 수 있다. 설문 대상자를 랜덤하게 뽑는다면 조사의 역설을 피해 더 정확한 강의실 활용도를 조사할 수 있다.

11.4 우리 주변에 널려있는 조사의 역설

조사의 역설은 우리 주변에 널려있다. 교사가 자신의 반 학생들의 가족 구성원 수를 조사하여 평균을 구하면, 대부분 그 평균은 국가에서 조사한 가족 구성원 수의 평균보다 높다. 고객서비스 센터에 전화를 걸면, 대부분 그 센터는 평소보다 더 많은 양의 문의 전화를 받고 있다. 항공사에서는 너무 많은 항공편에서 좌석이 많이 비었다고 불평하지만, 승객들은 너무 많은 항공편에서 빈 좌석이 없다고 불평한다.

교사라면 공문이 한꺼번에 몰려서 오는 것을 느낀 적이 있을 것이다. 왜냐하면 공문이 하나 왔다면, 이것이 공문이 많이 오는 시기에 왔을 가능성이 높기 때문이다. 이렇게 나쁜 일이 연달아 일어날 때는 조사의 역설을 기억하자. 조사의 역설에 따르면 일은 보통 한꺼번에 몰리는 것처럼 보이게 마련이다.

PART 12

벅슨의 역설

12.1 대학 입학 성적

B 대학의 정시 모집 입시에서는 내신 성적과 수능 성적을 토대로 학생을 선발한다. 이때 내신 성적과 수능 성적은 어떠한 관련이 있을까?

상식적으로 생각하면, 내신 성적이 높은 학생들은 수능 시험도 잘 볼 것이고, 역으로 수능 시험을 잘 보는 학생들은 내신 성적도 높을 것이라 기대할 수 있다. 왜냐하면 두 시험 모두 고등학교 교육과정에 기반하고 있으며, 내신 시험은 수능 시험의 패턴을 반영하여 출제될 때가 많기 때문이다. 그러므로 내신 성적과 수능 성적 사이에는 강한 양의 상관관계가 있을 것으로 기대할 수 있다.

그러나 B 대학의 정시 모집을 통해 선발된 학생들의 성적을 분석한 결과, 내신 성적과 수능 성적 사이에는 음의 상관관계가 있다는 것이 밝혀졌다. 즉 내신 성적이 높은 학생들은 수능 성적이 낮았고, 수능 성적이 높은 학생들은 내신 성적이 낮았다. 왜 이러한 일이 생긴 것일까?

처음에는 이상하게 보일 수도 있으나, 잘 생각해 보면 이러한 경향은 당연하다. 내신 성적과 수능 성적이 모두 낮은 학생이었다면 B 대학에 합격하지 못했을 것이고, 두 성적이 모두 높은 학생이었다면 B 대학을 지원하지 않고 더 유명한 대학에 지원했을 것이다. B 대학에 지원하여 합격한 학생이라면, 내신 성적과 수능 성적의 합이 일정 수준에 있는 학생들일 것이다. 그러므로 일반적으로 선발된 학생 중 내신 성적이 높은 학생들은 수능 성적이 낮을 것이고, 수능 성적이 높은 학생들은 내신 성적이 낮을 것이다.

이렇게 표본을 어떻게 선정하느냐에 따라 모집단이 가지지 않은 거짓 상관관계가 발생하는 경우가 있는데, 이를 **벅슨의 역설**(Berkson's paradox)이라 한다.

12.2 벅슨의 역설

벅슨의 역설은 1946년에 죠셉 벅슨(Joseph Berkson, 1899~1982)이 병원의 환자들을 관찰하여 발표한 역설이다. 그는 병원에서 환자들을 표본으로 이용하는 일의 위험성을 지적하는 논문을 썼는데, 이에 대한 구체적인 예시로 그는 담낭 질환과 당뇨병 간의 상관관계를 다루었다. 1946년 즈음에는 담낭 질환과 당뇨병 사이에 강한 상관관계가 있다고 여겨졌고, 그래서 당뇨병 치료를 위해 담낭을 제거하는 수술을 시행하기도 하였다. 하지만 그는 이것이 병원 환자들을 표본으로 삼아서 발생한 거짓 상관관계일 수 있다는 것을 지적하였다. 당시에 그의 논문은 큰 주목을 받지 못했는데, 1979년에 다비드 새킷(David Sackett, 1934~2015)가 벅슨의 역설이 실제로 존재함을 강력하게 입증하는 증거를 제시하여 그 이후로 큰 주목을 받게 되었다.

다음과 같은 벅슨의 역설의 사례를 하나 생각해보자.[1] 먼저 다음과 같이 독감이 유행하는 상황을 가정한다.

사례 1 1) 전체 인구의 10%가 독감에 걸렸다. 전체 인구 중 맹장염에 걸린 사람 수는 대단히 적다.
2) 병원에 100명의 환자가 입원해 있다.
3) 병원 입원 환자 중 30%가 독감으로 입원하였다.
4) 병원 입원 환자 중 10%가 맹장염으로 입원하였다.
5) 독감과 맹장염은 독립적이다. 즉. 맹장염에 걸린 사람의 10%가 독감에도 걸렸다.

1 출처: https://www.statisticshowto.com/berksons-paradox-definition/

이때 병원 입원 환자 중 맹장염에 걸린 사람은 10명이며, 그중 10%인 1명은 독감에도 걸렸다. 그러므로 입원 환자 중 9명은 맹장염에만 걸렸고, 1명은 맹장염과 독감에 모두 걸렸으며, 29명의 환자는 독감에만 걸렸음을 알 수 있다. 그리고 그 외의 61명의 환자들은 맹장염, 독감에 걸리지 않았다.

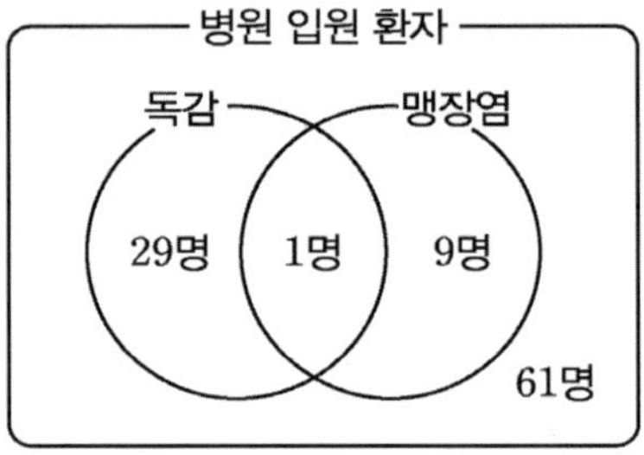

이제 독감에 걸린 30명을 관찰하면, 그중에는 1명만이 맹장염에 걸렸다. 즉 독감에 걸린 이들의 1/30=3.3%가 맹장염에 걸렸다. 하지만 독감에 걸리지 않은 70명을 관찰하면, 그중에는 9명이 맹장염에 걸렸다. 그러므로 독감에 걸리지 않은 이들의 9/70=12.9%가 맹장염에 걸렸다. 이로부터 독감에 걸린 사람들은 맹장염에 걸릴 가능성이 독감에 걸리지 않은 사람들보다 10% 가까이나 낮다는 것을 확인할 수 있으며, 이는 마치 독감이 사람들에게 맹장염에 걸리지 않도록 도움을 준 것처럼 보인다. 이로부터 병원에 입원 환자들에게서는 독감과 맹장염 간에 음의 상관관계가 있을 것을 예상할 수 있다. 하지만 우리는 이미 전체 인구에 대해서는 독감과 맹장염은 서로 독립이라 가정하였다.

이러한 가짜 상관관계가 나오게 된 것은, 병원 입원 환자라는 표본의 구성이 실제 인구 상황과 상당히 차이가 나기 때문이다. 실제로 독감과 맹장염에 모두 걸리지 않은 대다수의 건강한 사람들은 모두 표본에서 제외되었으며, 맹장염에 걸린 사람 수도 표본 속에는 비정상적으로 많다. 이렇게 특정 상황에 놓은 이들만을 표본으로 삼게 되면, 전체 모집단에서는 존재하지 않던 상관관계가 등장할 수 있게 된다.

12.3 우리 주변에 널려있는 벅슨의 역설

조던 엘렌버그(Jordan Ellenberg, 1971~)는 그의 책 "틀리지 않는 법"에서 벅슨의 역설의 예로 다음과 같은 상황을 제시하였다.

> "그동안 데이트했던 사람들을 돌이켜보면, 매력적인 상대들은 인간성이 나쁘고, 인간성이 좋은 사람들은 덜 매력적이었던 것 같다. 전체 사람들을 보았을 때는 이러한 상관관계가 성립하지 않겠지만, 누군가가 인간성이 나쁘고 매력이 없었다면 내가 데이트하지 않았을 것이고, 인간성이 좋고 매력적인 사람이라면 이미 데이트를 하고 있을 가능성이 높으므로 나와 데이트할 기회가 없었을 것이다. 그러므로 남은 사람들 중 두 가지 미덕을 모두 갖춘 사람을 찾는 것은 쉽지 않다."

목이 나쁜 곳에 자리 잡은 식당이 있다고 하자. 이 식당이 충분히 오랜 기간 살아남아 있다면 이 식당은 좋은 음식을 제공할 가능성이 높을 것이다. 그렇지 않았다면 그토록 오랜 기간 살아남을 수 없었을 것이기 때문이다.

프로농구 선수 중 키가 작은 사람은 더욱 높이 점프할 것이라 기대할 수 있다. 왜냐하면 키가 작으며 점프를 잘 못하는 사람은 프로농구 선수가 되는 것이 거의 불가능하기 때문이다.

저자는 이사를 위해 부동산을 통해 집을 구매하려 한 적이 있었다. 저자가 지불할 수 있는 금액에는 한계가 있어 부동산에서는 그 금액에 맞추어 다양한 집을 구경시켜 주었는데, 집이 깨끗하면 집의 평수가 작았고, 집의 평수가 넓으면 집이 지저분하였다.

이렇게 벅슨의 역설은 우리 주변에 널려있으며, 결국 주어진 여건 아래에서는 모든 것이 최선이 되는 상황은 쉽게 일어나지 않음을 알 수 있다. 벅슨의 역설을 통해 우리는, 모든 것이 만족스럽지 않더라도 적절히 타협하고 만족하는 태도를 가져야 한다는 것을 깨달을 수 있다.

PART 13

출생 시 저체중의 역설

이 장의 내용은 "앨런 B. 다우니 (2024). **통계의 함정: 통계의 역설로 본 환상과 거짓**. 서울: 에이콘"의 7장을 정리한 것이다.

13.1 산모의 흡연이 유아에게 끼치는 영향

흡연을 하는 것은 우리 몸에 해롭다. 이제는 충분한 연구 결과들이 축적되었기 때문에, 흡연이 몸에 해롭다는 것은 부정할 수 없는 진리가 되었다. 하지만 이러한 당연한 결론을 모든 연구자들이 인정하기까지에는 수많은 일들이 있었다.

출생 시 저체중의 역설(low-birth weight paradox)은 통계학자 제이콥 예루샬미(Jacob Yerushalmy, 1904~1973)가 1971년에 발표한 논문에서 처음 등장하였다. 예루샬미는 1960년부터 1967년 사이에 샌프란시스코 부근에서 출생한 약 13000명의 유아들에 관한 데이터를 분석하여 다음과 같은 결론을 내렸다.

- 흡연 산모의 유아들은 출생 시 6% 더 가벼웠다.
- 흡연 산모들은 '출생 시 저체중'인 2500g 이하의 유아들을 출산할 확률이 약 2배 더 높았다.
- 출생 시 저체중 유아들은 출생 후 한 달 안에 사망할 확률이 훨씬 더 높았다. 출생 시 저체중 유아들의 사망률은 1000명당 174명이었고, 저체중이 아닌 경우는 1000명당 7.8명이었다.

이런 결과들을 종합하면, 흡연 산모들의 유아 사망률이 비흡연 산모들의 유아 사망률보다 높을 것을 예상할 수 있다. 실제로 두 사망률을 계산해 본 결과, 흡연 산모의 경우 1000명당 11.3명이고, 비흡연 산모의 경우 1000명당 11.0명이었다. 예상보다는 차이가 크지 않다는 것이 흥미로울 수도 있을 것이다.

여기에서 저체중 유아들을 선별한 결과, 다음과 같은 이상한 결과가 도출되었다.

- 비흡연자들의 출생 시 저체중 유아들의 경우, 사망률은 1000명당 218명이었다.
- 흡연자들의 출생 시 저체중 유아들의 경우, 사망률은 1000명당 114명이었다.

예루샬미는 사망률뿐만 아니라 출생아의 선천적 장애율도 구하여 비교하였는데, 그 결과도 상당히 이상하였다.

- 비흡연자들의 출생 시 저체중 유아들의 경우, 선천적 장애율은 1000명당 147명이었다.
- 흡연자들의 출생 시 저체중 유아들의 경우, 선천적 장애율은 1000명당 72명이었다.

이런 결과들은 마치 산모의 흡연이 출생 시 저체중인 유아들에게 유익한 영향을 미쳐, 어떤 식으로든 조기 사망률과 선천적 장애율을 떨어뜨리는 것처럼 보인다. 그는 이러한 결과들을 종합하여 다음과 같이 결론을 내렸다.

> "이 역설적 발견은 흡연이 태아의 자궁 내 발달을 저해하는 외인적 요인으로 작용한다는 주장에 의혹을 제기하면서, 도리어 그와 반대된다는 점을 보여준다."

예루샬미의 논문은 출판 이후 1990년대까지 커다란 영향력을 끼쳤는데, 특별히 많은 담배 회사들이 그의 논문의 결과를 널리 홍보하며 담배의 무해함을 주장하였다. 언론에서도 이 주제를 많이 다루었는데, “산모들의 걱정은 기우, 흡연은 유아에게 무해”라는 기사가 나오기도 하였다. 한 미국인은 이에 대해 예루샬미의 연구가 산모들에 대한 금연 조치들을 10년 정도 지체시켰을 것이라 논평하였고, 한 전문가는 영국에서도 이 연구가 산모들의 흡연을 막기 위한 모든 캠페인을 여러 해 지체시켰다고 지적했다.

1973년에는 미국의 공중위생국장이 산모들의 흡연과 유아 사망률 간의 강력하고 개연성 있는 연관성을 보고하였는데, 이에 대해 예루샬미는 미국 상원에 그와 같은 인과 관계는 입증되지 않았다는 내용의 편지를 보내기도 하였다.

출생 시 저체중의 역설은 그 이후에도 지속적으로 보고되었는데, 1991년에 미국에서 태어난 300만 명의 유아들에 대한 데이터에서도 같은 현상을 볼 수 있었다. 흡연 산모들의 경우 체중 2500g 미만인 유아들의 비율은 약 11%였으며, 비흡연 산모들의 경우에 이 비율은 6%였다. 유아 사망률의 경우, 흡연 산모에게서는 1000명 당 12명꼴로, 비흡연 산모의 7.7명보다 더 높았다. 하지만 2500g 미만인 유아들을 대상으로 조사한 결과 유아 사망률은 비흡연 산모들에 비해 흡연 산모들이 20% 더 낮아진다.

하지만 2018년에 미국에서 태어난 380만명의 유아들에 대한 데이터에서는 더 이상 출생 시 저체중의 역설을 관찰할 수 없었다. 이 시기의 데이터에서는 흡연 산모의 유아 사망률은 비흡연 산모들에 비해 2배나 높았고, 데이터들을 출생 시 비슷한 체중 그룹들로 나눈 후 사망률을 계산했을 때에도 흡연 산모의 유아 사망률이 항상 비흡연 산모보다 높았다.

13.2 출생 시 저체중을 초래하는 요인들

출생 시 저체중의 역설은 흡연 산모와 비흡연 산모에만 적용되는 것이 아니다. 여러 연구에 의하면 출생 시 저체중을 일으키는 다양한 상황들이 있는데, 예를 들면 높은 고도에서 태어난 아이들이나, 키가 작은 산모의 아이들은 저체중으로 태어나는 경우가 많다. 그리고 이 두 사례에서도 출생 시 저체중의 역설을 발견할 수 있다. 즉 높은 고도에서 태어난 저체중 아이들은 낮은 고도에서 태어난 저체중 아이들보다 사망률이 낮고, 키가 작은 산모에게서 태어난 저체중 아이들도 일반 산모에게서 태어난 저체중 아이들보다 사망률이 낮다.

2014년에 국제 학술지 〈International Journal of Epidemiology〉에서는 예루샬미의 논문을 다시 게재한 후, 전문가 다섯 명의 회고성 해설을 함께 실어서 이 논문의 통계적 오류를 설명하였다. 이제 이를 참고하여 예루샬미 논문의 오류를 분석해 보자.

출생 시 저체중을 초래하는 다음 네 가지 변수를 고려해 보자.

- 산모는 키가 작을 수 있는데, 이것은 유아에게 전혀 해롭지 않다.
- 유아는 높은 고도에서 태어날 수 있는데, 이것은 그 유아의 사망률에 거의 아무런 영향을 미치지 않는다.
- 산모는 흡연자일 수 있는데, 이것은 유아에게 다소 해롭다.
- 유아는 선천적 장애가 있을 수 있는데, 이것은 그 유아의 사망률을 크게 높인다.

이로부터 출생 시 저체중이 사망률을 높이는 주요한 요인은 아니라는 것을 알 수 있다. 저체중을 일으키는 다양한 변수들이 있으며, 그중 산모의 흡연은 사망률을 높이는 한 가지 변수이지만, 선천적 장애는 사망률을 크게 높이는 변수가 된다. 그러므로 출생 시 저체중인 아이들을 모으면, 그중 선천적 장애가 아닌 다른 요인(예를 들면 산모의 흡연)으로 저체중이 된 아이들은 선천적 장애로 인해 저체중이 된 아이들에 비해 상대적으로 건강하다고 볼 수 있다. 하지만 이에 대해 예루살미는 산모의 흡연이 아이를 건강하게 만들었다고 해석하는 오류를 저지른 것이다.

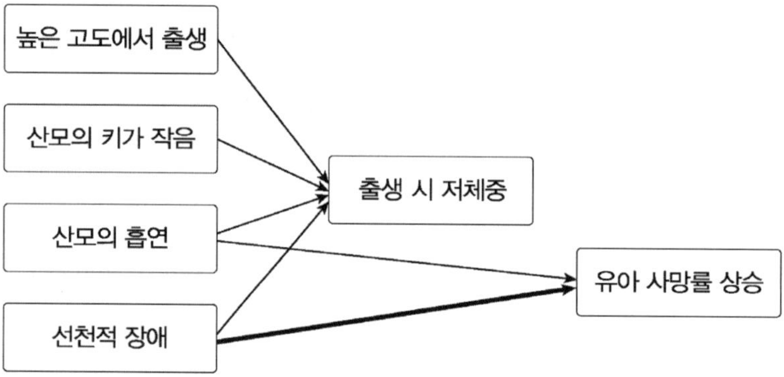

13.3 쌍둥이의 역설

출생 시 저체중의 역설과 비슷한 역설은 계속해서 발견되고 있으며, 지속적으로 사람들을 혼란에 빠뜨리고 있다. 실례로 홍콩대학의 연구진들은 2000년에, 1982년부터 1995년 사이에 스웨덴에서 출생한 150만명의 유아들에 대한 연구를 하여 다음과 같은 사실을 발견하였다.

- 쌍둥이와 세쌍둥이는 조산할 가능성이 더 높다.
- 조산 유아는 열 달을 다 채우고 태어난 유아보다 사망률이 더 높다.

- 전체 사망률은 쌍둥이와 세쌍둥이의 경우에 더 높다.
- 조산 유아들을 선별해 비교하면 쌍둥이와 세쌍둥이의 생존율은 외둥이의 경우보다 높다.

이 역설은 **쌍둥이의 역설**이라 불리는데, 위의 출생 시 저체중의 역설과 동일한 방식으로 이 현상에 대해 설명하는 것이 가능하다. 다태임신은 조산을 초래할 수 있는 여러 요인들 중 하나이고, 그런 요인들 중에서는 비교적 무해하다. 그러므로 조산아가 쌍둥이나 세쌍둥이라면, 이들은 더 위험한 질환으로 고통받을 확률이 더 낮다.

13.4 비만의 역설

출생 시 저체중의 역설과 쌍둥이의 역설은 현재 해명이 되었지만, 비만의 역설은 아직까지 모두가 만족할 만한 설명이 없는 듯하다.

비만의 역설의 첫 사례는 1999년에 보고되었는데, 비만이 신장 질환을 초래할 위험이 있고, 신장 질환은 치명적이라는 것도 잘 알려져 있었다. 연구자들은 심부전으로 투석 치료를 받는 이들 중에서 비만 환자들의 생존 기간이 다른 환자들보다 더 길다는 것을 발견하였다. 그 이후에도 비슷한 현상이 다수 발견되었는데, 예를 들면 다음과 같다.

- 비만은 뇌졸중, 심근경색, 심부전, 그리고 당뇨병의 위험을 높인다.
- 이 모든 질환들은 증가된 사망률 및 이환율(집단 중 병에 걸리는 환자의 비율)과 관련되어 있다.
- 그럼에도 불구하고 만약 이중 어느 질환을 앓고 있는 환자들만을 선별

해서 조사하면, 비만 환자들이 정상 체중 환자들보다 더 낮은 사망률과 이환율을 보인다.

이러한 현상에 대해, 위의 출생 시 저체중의 역설을 설명한 것과 같은 방식의 설명이 가능하다. 비만과 심부전의 경우에 대해 설명하면 다음과 같다.

- 비만은 심부전의 원인 중 하나이고, 심부전은 사망을 초래한다.
- 하지만 심부전에는 다른 원인들도 있고, 그로 인한 심부전 또한 사망을 초래한다.
- 다른 원인들과 비교할 때, 비만의 영향은 비교적 경미하다.
- 만약 한 심부전 환자가 비만이라면, 다른 원인들이 심부전을 초래했을 가능성이 적다.
- 그러므로 심부전 환자들 중에서 비만 환자들은 더 낮은 사망률을 보인다.

이러한 설명이 비만의 역설을 완전하게 설명하는 것인지에 대해서는 여전히 이견이 분분하다. 관심 있는 독자라면 '비만의 역설'을 키워드로 뉴스를 검색해 보자. 아직도 '비만의 역설'에 대해서는 수많은 논란과 이견이 있다는 것을 확인할 수 있을 것이다.

PART 14

연습문제

이 연습문제들은 필자가 실제 교육대학 수업의 기말고사에서 사용한 문제들을 정리한 것이다. 이 책을 교재로 사용하는 강좌에서는 시험 문제나 과제로 활용할 수 있을 것이며, 학생들은 공부한 내용을 정리하고 이를 바탕으로 심화된 내용을 탐구하는 데에 활용할 수 있을 것이다.

01 진선이는 학교에서 집까지 속력 v_1로 달렸고, 중간에 집에서 쉬지 않고 다시 집에서 학교까지 같은 길을 속력 v_2로 달렸다. 이때 진선이가 학교에서 집을 다녀간 평균속력 v는 v_1과 v_2의 조화평균인 $v=\dfrac{2v_1v_2}{v_1+v_2}$가 됨을 증명하시오.

02 학생들의 A 과목 기말고사 점수와 B 과목 기말고사 점수가 주어져 있다. 두 과목 모두 100점 만점이라 할 때, 다음 물음에 답하시오.

(1) A 과목의 기말고사 평균이 m, 표준편차가 σ라 하자. 학점을 부여하기 위해 모든 점수에 0.7을 곱한 후 10점을 더해 80점 만점으로 점수를 변환하였다. 이때 변환된 점수의 평균과 표준편차를 각각 구하시오.

(2) 두 과목의 기말고사 성적의 상관계수를 구하였더니 r이었다. 이제 A 과목과 B 과목의 모든 점수에 0.7을 곱한 후 10점을 더하여 80점 만점으로 변환하였다. 이때 변환된 점수들 사이의 상관계수를 구하시오.

03 다음 수학 명제들의 참, 거짓 여부를 쓰시오.

(1) 바구니 안에 당첨공 10개, 비당첨공 90개가 있다. 50명의 사람들이 바구니에서 차례로 한 개씩 공을 뽑으려 할 때, 40번째로 공을 뽑는 사람이 당첨될 확률은 $\dfrac{1}{10}$이다. (단, 이미 뽑힌 공은 다시 바구니에 넣지 않는다.)

(2) A 초등학교에서 시행한 학력평가에서 5학년 1반보다 6학년 1반의 평균이 높았고, 마찬가지로 2~8반에서도 6학년의 평균이 더 높았다. (이 초

등학교의 5, 6학년에는 각각 8개 반이 있다) 그렇다면 6학년의 전체 평균은 항상 5학년의 전체 평균보다 높다.

(3) 50명의 학생 중에 생일이 같은 한 쌍이 있을 확률은 0.5보다 크다.

04 주사위를 한 번 던졌을 때, A는 짝수의 눈이 나오는 사건, B는 5 이상인 눈이 나오는 사건이라 하자. 이때, 두 사건 A와 B가 서로 독립인지 여부를 확인하고 그 이유를 쓰시오.

05 서로 **구분할 수 없는** 동전 5개를 동시에 던졌을 때 앞면이 3회 이상 나올 확률을 아래와 같은 두 가지 풀이로 계산하였다. 이 풀이들에 오류가 있는지 여부를 검증하고, 오류가 있는 경우 그 이유를 쓰시오.

| 풀이 1 | 앞면이 나오는 경우는 0회, 1회, 2회, 3회, 4회, 5회로 모두 6가지가 있다. 이 중에 앞면이 3회 이상 나오는 경우는 3가지(3회, 4회, 5회)이므로, 구하고자 하는 확률은 $\frac{3}{6}=\frac{1}{2}$이다.

| 풀이 2 | 동전의 앞면이 2회 나오는 사건과 3회 나오는 사건의 확률은 서로 같다. 마찬가지로 1회와 4회의 경우도 서로 같고, 0회와 5회도 서로 같다. 그러므로 앞면이 3회 이상 나올 확률은 $\frac{1}{2}$이다.

06 아래 **확률 문제**에 **오류가 있는지 여부**를 검증하시오. (풀이를 제시할 필요는 없음)

> **문제** 두 사건 A와 B에 대하여 $\mathrm{P}(A)=\frac{1}{3}$, $\mathrm{P}(B)=\frac{2}{3}$, $\mathrm{P}(A\cap B)=\frac{2}{5}$가 성립할 때, 두 사건 A와 B가 서로 독립인지 여부를 판단하시오.

07 확률의 공리적 정의를 쓰고, 이 정의를 이용하여 다음 **정리**를 증명하시오.

> **정리** 두 사건 A와 B가 $A\subset B$이면, $\mathrm{P}(A)\le \mathrm{P}(B)$가 성립한다.

08 공사건이 아닌 두 사건이 서로 배반사건이면서 동시에 독립사건일 수 있는가? 가능하다면 이러한 예를 하나 들고, 불가능하다면 왜 불가능한지를 증명하시오.

09 남학생 중에서 색약인 학생의 비율은 2%, 여학생 중에서 색약인 학생의 비율은 0.5%라고 한다. 남학생이 60%인 어느 학교에서 한 학생을 임의로 뽑았더니 색약이었다. 그 학생이 여학생일 확률을 구하시오.

10 (1) 몬티 홀 문제를 변형하여 문이 4개 있는 상황을 생각하자. 3개의 문 뒤에는 염소가 놓여 있고, 1개의 문 뒤에 고급 자동차가 놓여 있으며, 몬티 홀 문제와 동일하게 게임 우승자가 문을 선택하면 몬티 홀이 염소가 있는 문 중에서 우승자가 선택하지 않은 문을 1개 열어준다고 하자. 이때 문을 바꾸지 않을 때 당첨될 확률과 문을 바꿀 때 당첨될 확률을 각각 구하시오.

(2) 위의 문제에서 만일 문이 n개$(n \geq 3)$ 있었다면, 문을 바꾸지 않을 때와 문을 바꿀 때 당첨될 확률은 각각 얼마가 되는지를 구하시오.

11 다음은 기네스북에 가장 높은 IQ를 가진 사람으로 등재된 '보스 사반트, 마릴린(vos Savant, Marilyn)'가 쓴 칼럼의 일부이다. 이 칼럼의 **답**의 잘못된 부분을 지적하고 그 이유를 설명하시오.

(1)

질문 당신이 공평한 주사위를 20번 던질 계획이라고 하자. 다음 결과 중 어떤 것이 더 잘 나올 것 같은가?

(a) 11111111111111111111

(b) 66234441536125563152

답 당신이 내가 보고 있지 않는 곳에서 주사위를 던지고 나서 나온 결과가 위에 결과 중 하나라고 말했다고 하자. 어떤 수열이 당신이 던졌던 결과일 것 같은가? 주사위는 이미 던져졌기 때문에, 정답은 (b)이다. 주사위를 던졌을 때 1로만 이루어진 수열보다는 숫자들이 뒤섞인 수열을 만들 확률이 훨씬 높다.

(2)

질문 저는 400명의 직원들이 있는 조직에서 약물검사 프로그램을 운영합니다. 3개월마다 난수발생기를 통해 검사를 할 100명을 선택합니다. 그 후, 그 이름들을 다시 선택될 수 있도록 돌려보냅니다. 명백하게 한 직원이 한 분기에 선택될 확률은 25%입니다.

하지만 일 년 전체에서 선택될 확률은 얼마인가요?

답 반복되는 검사에도 불구하고 확률은 여전히 25%입니다. 누군가는 검사횟수가 증가함에 따라 검사를 받을 확률도 증가한다고 생각할지도 모릅니다. 하지만 검사에 선택될 사람들의 숫자가 바뀌지 않는 한 확률도 바뀌지 않을 겁니다. 당신의 직관과 반대죠?

12 최대 10명의 신입생을 뽑는 유치원 추첨에 100명의 학부모가 지원을 하여 선착순으로 추첨을 시작하려 한다. 큰 바구니에 당첨공 10개와 비당첨공 90개를 넣고 비복원추출을 한다.

(1) 90번째에 공을 뽑는 사람이 당첨될 확률은 $\frac{1}{10}$임을 증명하시오.

(2) 추첨을 시작하기 전에 추첨 순서가 51번~60번인 학부모들이 추첨을 포기하고 유치원을 떠났다면, 남아있는 학부모들의 추첨 순서가 당첨 확률에 영향을 주는지 여부를 논증하시오.

(3) 유치원에서 실수로 바구니에 당첨공 11개, 비당첨공 90개를 넣고 추첨을 시작하게 되었다. 당첨공이 10개가 나오면 추첨을 중단한다고 할 때, 학부모들의 추첨 순서가 당첨 확률에 어떠한 영향을 주는지를 설명하고 그 이유를 쓰시오.

13 다음 그림과 같은 도로에서 A 지점을 출발하여 I 지점까지 최단거리로 이동할 때, E 지점을 지날 확률을 구하려 한다.

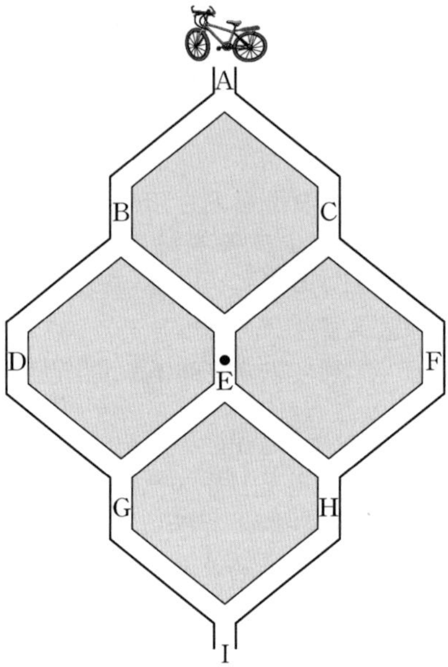

이 문제에 대해 갑돌이와 갑순이는 각각 다음과 같은 풀이를 제시하였다.

갑돌이의 풀이 A 지점에서 출발하여 E 지점을 지나기 위해서는 A → B → E 또는 A → C → E를 거쳐야 한다. 여기에서 A → B → E로 이동할 확률은 $\frac{1}{2}\times\frac{1}{2}=\frac{1}{4}$이다. 마찬가지로 A → C → E로 이동할 확률도 $\frac{1}{4}$이므로, 구하고자 하는 확률은 $\frac{1}{4}+\frac{1}{4}=\frac{1}{2}$이다.

갑순이의 풀이 A 지점에서 I 지점까지 최단 거리로 이동하는 모든 경로를 구하면 다음과 같다.

A → B → D → G → I, A → B → E → G → I, A → B → E → H → I,
A → C → E → G → I, A → C → E → H → I, A → C → F → H → I

총 6개의 경로 중에서 E를 지나는 것은 4개이므로, 구하고자 하는 확률은 $\frac{4}{6}=\frac{2}{3}$이다.

(1) 각각의 갈림길에서 왼쪽 길로 이동할 확률이 $\frac{1}{2}$, 오른쪽 길로 이동할 확률도 $\frac{1}{2}$이라 하자. 이 경우 누구의 풀이가 옳은지를 밝히고, 잘못된 풀이는 왜 잘못되었는지 그 이유를 제시하시오.

(2) A 지점에서 I 지점까지 최단 거리로 이동하는 경로는 총 6개가 있다. 6장의 종이에 이 경로들을 각각 적은 후, 출발하기 전에 제비를 뽑아서 뽑힌 경로로 이동한다고 하자. 이 경우 누구의 풀이가 옳은지를 밝히고, 잘못된 풀이는 왜 잘못되었는지 그 이유를 제시하시오.

PART
15

연습문제 풀이 및 해설

01 학교와 집 사이의 거리를 l이라 두면, 진선이가 학교에서 집까지 달리는 동안 걸린 시간은 $\frac{l}{v_1}$이고, 집에서 학교까지 걸린 시간은 $\frac{l}{v_2}$가 된다. 그러므로 학교와 집을 왕복한 시간은 $\frac{l}{v_1}+\frac{l}{v_2}$이고, 이동거리는 $2l$이므로, 평균속력은

$$v=\frac{2l}{\frac{l}{v_1}+\frac{l}{v_2}}=\frac{2}{\frac{1}{v_1}+\frac{1}{v_2}}=\frac{2v_1v_2}{v_1+v_2}$$

이다.

| 해설 | 이 문제는 같은 거리를 각각 속력 v_1, v_2, $\cdots$, v_n으로 달렸을 때의 평균속력을 구하는 문제로 일반화시킬 수 있으며, 이때의 평균속력은 각 속력들의 조화평균인

$$\frac{n}{\frac{1}{v_1}+\frac{1}{v_2}+\cdots+\frac{1}{v_n}}$$

이 된다.

이 문제는 다음과 같은 구체적인 상황으로 변형할 수도 있다. 「진선이는 집에서 학교까지 평균속력 4km/h로 달리고 싶다. 진선이가 중간 지점까지 달렸을 때의 평균속력이 2km/h였을 때, 남은 구간은 얼마의 속력으로 달려야 하는가?」 이 문제의 정답은, 남은 구간을 아무리 빨리 달려도 평균속력은 4km/h이 될 수 없다는 것이다. 독자들은 직접 계산을 통해 답을 확인해 보기 바란다.

02 (1) 평균은 $0.7m+10$, 표준편차는 0.7σ이다.

(2) 상관계수는 r로 변하지 않는다.

| 해설 | 저자는 담당 강좌의 중간고사, 기말고사를 보통 100점 만점으로 출제하지만, 학점을 부여하기 위해 이 점수들을 각각 40점, 혹은 50점 만점으

로 환산할 때가 자주 있다. 독자들은 이렇게 점수를 변환할 때 각각의 기초통계량이 어떻게 변하는지는 잘 알고 있어야 한다. 특별히 [부록 2]에서 보인 바와 같이 Excel을 활용하면 기초통계량들을 간단히 구할 수 있기 때문에, 교사들은 기초통계량의 공식을 외워서 값을 직접 계산하는 것보다 기초통계량의 성질을 알고 있는 것이 더 중요하다.

03 (1) 참이다. 추첨 순서에 관계없이 당첨될 확률은 항상 $\frac{1}{10}$이다.

(2) 거짓이다. 반례를 만들기 위해 다음과 같은 극단적인 상황을 생각해보자. 5학년 1~7반과 6학년 1~8반에 학생이 1명씩만 있고, 5학년 8반에는 학생이 93명 있으며, 아래와 같이 각 반의 평균이 주어져 있다고 하자.

5학년 1반		5학년 2반		5학년 3반		5학년 4반		5학년 5반		5학년 6반		5학년 7반		5학년 8반	
평균	인원	평균	인원	평균	인원	평균	인원	평균	인원	평균	인원	평균	인원	평균	인원
90	1	90	1	90	1	90	1	90	1	90	1	90	1	99	93
6학년 1반		6학년 2반		6학년 3반		6학년 4반		6학년 5반		6학년 6반		6학년 7반		6학년 8반	
평균	인원	평균	인원	평균	인원	평균	인원	평균	인원	평균	인원	평균	인원	평균	인원
91	1	91	1	91	1	91	1	91	1	91	1	91	1	100	1

이때 5학년의 전체 평균은

$$\frac{90\times 7+99\times 93}{100}=98.37$$

이고, 6학년의 전체 평균은

$$\frac{91\times 7+100\times 1}{8}=92.125$$

이므로, 이러한 경우에는 5학년의 전체 평균이 더 높다.

(3) 참이다. 5장의 계산에 따르면 확률의 근삿값은 0.97=97%이다.

| 해설 | (1) 추첨에 참여하는 인원이 100명 이하라면, 각각의 사람이 당첨될 확률은 순서에 상관없이 항상 $\frac{1}{10}$으로 일정하다. 이후 12번 문제에

서 이 상황을 한 번 더 다룬다.

(2) 심프슨의 역설을 다룬 문제이다.

(3) 정확한 확률값을 외워둘 필요는 없지만, 확률값이 꽤 높다는 사실은 알고 있어야 한다.

04 두 사건은 독립이다. $P(A)=\frac{1}{2}$, $P(B)=\frac{1}{3}$이고, $A \cap B=\{6\}$이므로 $P(A \cap B)=\frac{1}{6}=P(A)\times P(B)$가 성립하기 때문이다.

| 해설 | 7장과 8장에서 살펴본 바와 같이, 서로 영향을 끼치는 것처럼 보이는 두 사건이 사실은 독립인 경우가 종종 있다. 이러한 이유로 두 사건의 독립 여부는 성급하게 직관적으로 판단하지 말고, 실제 계산을 통해 $P(A \cap B)=P(A)\times P(B)$의 성립 여부로 확인해야 한다.

05 **풀이 1**은 오류가 있다. 각각의 근원사건이 일어날 빈도가 동일해야 이와 같은 풀이를 할 수 있는데, 각각의 근원사건이 일어날 확률은 아래와 같이 서로 다르기 때문이다.

경우	0회	1회	2회	3회	4회	5회
확률	$\frac{1}{32}$	$\frac{5}{32}$	$\frac{10}{32}$	$\frac{10}{32}$	$\frac{5}{32}$	$\frac{1}{32}$

풀이 2에는 오류가 없다. 동전의 앞면이 2회 나오는 사건은 뒷면이 3회 나오는 사건과 같고, 앞면이 3회 나오는 사건과 뒷면이 3회 나오는 사건은 서로 확률이 같기 때문에 오류가 없다.

| 해설 | 교사교육 프로그램에서 공부하는 수학은 일반적인 대학수학과 어떻게 달라야 하는가? 교육대학이나 사범대학에서 수학을 가르치는 사람이라면 누구나 고민하게 되는 문제이다. 이에 대해 필자는 교사교육에서는 일반적인 대학수학과 달리 5번과 같은 오류를 검증하는 문제가 강조되어야 한

다고 생각한다. 필자와 비슷한 생각을 하는 이들이 있어서인지, 최근 초등 교사 임용고시에는 주어진 문제에 대해 초등학생들이 해결한 풀이가 제시되고, 이러한 풀이에 오류가 있는지 여부를 교사가 검증한 후, 오류가 있다면 이 오류를 어떻게 교정해 주어야 하는지에 대해 묻는 문제들이 종종 출제되고 있다.

06 오류가 있다. $P(A\cap B)=\frac{2}{5}=\frac{6}{15}>\frac{5}{15}=\frac{1}{3}=P(A)$이므로 모순이다. 즉, 문제의 조건을 만족시키는 두 사건 A와 B는 존재할 수 없다.

| 해설 | 학생들 중에는 「$P(A\cap B)\neq P(A)\times P(B)$이므로 두 사건은 종속이다」와 같이 문제의 풀이를 제시한 이들이 많아서, 시험 시간에 따로 학생들에게 풀이를 제시하지 않도록 주의를 환기시킬 필요가 있었다.

대부분의 학생들은 고등학교를 졸업할 때까지 수학 문제를 검증하거나 잘못된 풀이가 왜 잘못되었는지를 검증하는 경험을 거의 하지 못한다. 필자가 수학교육학 논문을 쓰기 위해 인터뷰를 했던 한 과학고 학생은, 잘못된 문제 풀이 때문에 의문이 생겼을 때 교사로부터 잘못된 풀이의 오류를 찾느라 시간을 낭비하지 말고 옳은 풀이를 찾아서 답을 구하라는 조언을 들었다고 이야기하였다. 필자는 오류와 역설을 이해하고 해결하는 경험이 수학학습에서 대단히 중요하다고 생각하고 있다. 하지만 현재 고등학교 수학 수업이 과도하게 문제풀이 위주로 진행되고 있다는 생각되어, 이를 보완하기 위해 이 책에서는 문제풀이보다는 오류와 역설을 더 강조하였다.

07 9장 2절의 **정의 9.2**와 **정리 9.3** 참고

| 해설 | 학생들 중에는 확률의 공리적 정의가 왜 중요하고 의미가 있는지를 잘 이해하지 못하는 이들이 많아서, 본문에서 다루지 못한 설명을 이곳에 간단히 덧붙이고자 한다. 먼저 확률이 무엇인가에 대해서는 오랫동안 많은 논란이 있었으며, 특별히 베르트랑 역설을 포함한 다양한 역설들 때문에 확

률을 엄밀하게 정의하는 것이 쉽지 않았다. 이러한 이유로 확률이 등장하는 모든 상황을 포괄할 수 있는 일반적인 정의를 제시한 것은 오랫동안 논란이 되었던 확률 개념을 엄밀하게 정립했다는 데에 의미[1]가 있다.

보통 수학이 발전한다는 것은 수학이 다양하고 구체적인 예들에 점점 더 널리 활용되는 것이라 생각하기 쉽다. 실제로 저명한 교육심리학자인 피아제(Piaget, 1896~1980)는 발생적 인식론에서 수학의 발전을 수학 이론의 구체적인 활용이 풍부해지는 것으로 설명한 바 있다. 하지만 저명한 수학자이자 수학교육자인 프로이덴탈(Freudenthal, 1905~1990)은 피아제의 수학 발전에 대한 설명에 반대하는데, 수학의 발전은 수학의 개념들이 가진 핵심 성질을 뽑아내는 추상화를 통해 이루어진다고 주장한다. 다양한 구체적인 활용 예들을 통해 이러한 예들이 가진 가장 근본적인 핵심 성질을 찾아내는 것이 수학의 발전이며, 이러한 근본적인 핵심 성질을 찾아서 공리나 정의로 제시하게 되면 자연스럽게 추상화된 수학 개념이 다양한 상황에 적용될 수 있게 된다고 주장하였다. 이러한 프로이덴탈의 주장의 근거가 된 대표적인 예가 바로 확률의 공리적 정의이다.

확률의 공리적 정의는 이렇게 역사적으로 중요한 의미를 가질 뿐만 아니라, 학교수학에서는 쉽게 경험할 수 없는 수학의 추상화라는 중요한 측면을 보여준다. 이러한 이유로 필자는 수학을 가르치는 교사라면 누구나 적어도 한 번은 이러한 수학의 추상화를 직접 경험해야 한다고 생각하며, 이러한 이유에서 저자는 확률의 공리적 정의를 묻고 활용하는 문제를 자주 시험에 출제하고 있다.

08 불가능하다. 두 사건 A, B가 배반사건이라 하면 $A \cap B = \varnothing$이 성립한다. 만일 이 두 사건이 서로 독립이라면

$$0 = \mathrm{P}(A \cap B) = \mathrm{P}(A) \times \mathrm{P}(B) \neq 0$$

1 확률의 공리를 만족하는 것은 무엇이라도 다 확률로 부르도록 허용한 것이다.

이므로 모순이 된다. 그러므로 배반사건은 독립사건이 될 수 없다.

| 해설 | 학생들 중에는 배반사건과 독립사건을 구분하지 못하는 이들이 종종 보인다. 두 사건이 배반이라는 것은 두 사건이 동시에 일어나지 않는다는 것을 의미하며, 두 사건이 독립이라는 것은 한 사건이 다른 사건이 일어나는 것에 영향을 끼치지 않는다는 것을 의미한다. 공사건이 아닌 두 사건 A와 B가 배반이면 두 사건은 항상 종속사건이 되는데, 왜냐하면 사건 A가 일어나면 사건 B는 절대로 일어날 수 없기 때문이다. 즉 사건 A가 일어나는지 여부가 사건 B가 일어나는 것에 큰 영향을 끼치고 있기 때문에, 두 사건은 당연히 종속사건이 된다.

09 학교에서 한 학생을 임의로 뽑을 때, 색약인 학생이 뽑히는 사건을 A라 두고 여학생이 뽑히는 사건을 B라 두자.

$$\mathrm{P}(A)=\frac{60}{100}\times\frac{2}{100}+\frac{40}{100}\times\frac{0.5}{100}=\frac{140}{10000},$$

$$\mathrm{P}(A\cap B)=\frac{40}{100}\times\frac{0.5}{100}=\frac{20}{10000}$$

이므로,

$$\mathrm{P}(B|A)=\frac{\mathrm{P}(A\cap B)}{\mathrm{P}(A)}=\frac{20}{140}=\frac{1}{7}$$

이다.

10 (1) 문을 바꾸지 않을 때 당첨이 되려면 처음부터 자동차가 있는 문을 선택해야 하기 때문에, 확률은 $\frac{1}{4}$이다. 문을 바꿀 때 당첨이 되려면

① 처음에 염소가 있는 문을 선택(확률은 $\frac{3}{4}$)하고

② 문을 바꿀 때 선택할 수 있는 2개의 문 중에서 자동차가 있는 문을 선택(확률은 $\frac{1}{2}$)해야 하므로,

문을 바꿀 때 당첨될 확률은 $\frac{3}{4}\times\frac{1}{2}=\frac{3}{8}$이 된다. 그러므로 여전히 문을 바꾸는 것이 유리함을 알 수 있다.

(2) 위의 (1)의 아이디어를 그대로 적용하자. 문을 바꾸지 않을 때 당첨될 확률은 $\frac{1}{n}$이다. 문을 바꿀 때 당첨이 되려면

① 처음에 염소가 있는 문을 선택(확률은 $\frac{n-1}{n}$)하고

② 문을 바꿀 때 선택할 수 있는 $n-2$개의 문 중에서 자동차가 있는 문을 선택(확률은 $\frac{1}{n-2}$)해야 하므로,

문을 바꿀 때 당첨될 확률은 $\frac{n-1}{n}\times\frac{1}{n-2}$이 된다. 이때

$$\frac{n-1}{n}\times\frac{1}{n-2}>\frac{n-2}{n}\times\frac{1}{n-2}=\frac{1}{n}$$

이므로, 여전히 문을 바꾸는 것이 유리함을 알 수 있다.

| 해설 | 문이 n개 있을 때, 문을 바꿀 때의 당첨 확률을 문을 바꾸지 않을 때의 당첨 확률로 나눈 값은

$$\left(\frac{n-1}{n}\times\frac{1}{n-2}\right)\div\frac{1}{n}=\frac{n-1}{n-2}>1$$

이다. 그러므로 $n=3$일 때에는 문을 바꿀 때 당첨 확률이 2배 커지지만, $n=4$일 때에는 $\frac{3}{2}$배, $n=5$일 때에는 $\frac{4}{3}$배, $n=6$일 때에는 $\frac{5}{4}$배 커진다. n의 값이 크면 클수록 문을 바꿀 때의 유리함이 점점 줄어든다는 것을 확인할 수 있다.

11 (1) (a)와 (b)가 일어날 확률은 동일하다. 숫자들이 뒤섞인 수열이 나올 확률이 하나의 수로만 이루어진 수열이 나올 확률보다 높지만, (b)는 이미 하나로 결정된 수열이기 때문에 (a)와 일어날 확률이 동일하다.

(2) 검사횟수에 따라 검사를 받을 확률은 증가한다. 실제로 이 문제의 경우,

4번의 검사에서 모두 선택되지 않을 확률은 $\left(\frac{3}{4}\right)^4 = \frac{81}{256} \fallingdotseq 31.64\%$이므로, 한 번이라도 선택될 확률은 68.36%이다.

| 해설 | 마릴린 보스 사반트는 8장 몬티 홀 문제에서 등장했던, IQ가 세계에서 가장 높은 사람으로 기네스북에 등재되었던 여성이다. 몬티 홀 문제에 대한 정확한 답을 칼럼에 소개하여 유명해졌지만, 이 문제에서 보듯이 그녀가 항상 옳았던 것은 아니었다.

(1) 이 문제를 학생들에게 출제했을 때 흥미로웠던 것은, 많은 학생들이 칼럼의 잘못된 부분을 지적하지 않고 **질문**에 대한 옳은 답(두 경우 모두 확률은 $\left(\frac{1}{6}\right)^{20}$이다.)만을 제시했다는 것이다. 학생들이 수학을 공부할 때 문제에 대한 옳은 답을 찾는 것에만 익숙하고, 다른 이의 풀이에 있는 오류를 찾아보는 경험은 부족한 것 같다는 인상을 받았다.

저자가 생각하기에 마릴린은 여기에서 이 문제의 질문을 다음과 같이 바꾼 것에 대한 대답을 제시한 것으로 보인다.

(a) 1만 20번 나옴

(b) 숫자들이 뒤섞여서 나옴

독자들은 원래의 질문과 위와 같이 바꾼 질문이 서로 다르다는 것에 주의하기 바란다.

(2) n번의 검사에서 한 번도 선택되지 않을 확률은 $\left(\frac{3}{4}\right)^n$이기 때문에, n번의 검사에서 한 번이라도 선택될 확률은 $1-\left(\frac{3}{4}\right)^n$이다. $p_n = 1-\left(\frac{3}{4}\right)^n$이라 두면 확률 p_n은 n값이 커질수록 증가함을 알 수 있다.

12 (1) 표본공간은 100개의 공을 일렬로 나열하는 것으로 생각할 수 있으며, 이때의 경우의 수는 100!이다. 90번째 사람이 당첨되는 경우는 90번째 위치에 먼저 당첨공을 하나 골라서 놓고, 나머지 자리에 임의로 공을 배열하는 것과 동일하므로, 이때의 경우의 수는 $10 \times 99!$이다. 그러므로

구하고자 하는 당첨 확률은

$$\frac{{}_{10}C_1 \times 99!}{100!} = \frac{1}{10}$$

이다.

(2) 중간에 추첨을 포기하는 사람이 있더라도 당첨 확률에는 영향이 없다. 추첨 순서가 61번~100번이었던 학부모들은 추첨 순서가 51번~90번으로 당겨졌으나, 추첨 순서는 당첨 확률에 영향이 없기 때문이다.

(3) 이 경우에는 추첨 순서가 1번~10번이었던 학부모는 당첨 확률이 $\frac{11}{101}$ 이지만, 11번째부터는 추첨 순서가 늦어질수록 당첨 확률이 낮아진다. 만일 11개의 당첨공이 모두 나올 때 까지 추첨을 진행한다면, 이 경우에는 학부모가 당첨될 확률은 순서에 관계없이 항상 $\frac{11}{101}$이 된다. 하지만 10번째 당첨공이 나왔을 때 추첨을 중단한다면, 11번째 이후로 추첨하는 부모들은 11번째 당첨공으로 당첨될 가능성을 박탈당한다고 생각할 수 있다. 추첨 순서가 늦어질수록 11번째 당첨공으로 당첨될 확률이 높아지기 때문에, 10개의 당첨공이 나올 때 추첨을 중단하는 상황에서는 추첨 순서가 늦어질수록 당첨 확률이 낮아지게 된다.

| 해설 | (2) 추첨 중간에 학부모들이 추첨을 포기하고 떠나더라도, 추첨 순서는 당첨 확률에 영향을 끼치지 않는다. 그러므로 실제로 이러한 추첨을 진행한다면, 중간에 떠나는 학부모가 있더라도 걱정하지 않아도 된다. 하지만 이렇게 중간에 떠나는 학부모가 있다면, 입학 정원 10명을 모두 선발하지 못하게 될 수도 있다는 것에 주의해야 한다. 학부모가 떠나서 10명을 모두 선발하지 못했다면, 남은 인원을 마저 뽑기 위해 한 번 더 추첨을 진행해야 할 수도 있다.

(3) 이 상황에서 $n(n \geq 11)$번째 추첨하는 사람이 당첨될 확률은 다음과 같이 계산할 수 있다. 먼저 당첨공 11개가 모두 나올 때까지 추첨을 진행한다면, n번째 사람이 당첨될 확률은 $\frac{11}{101}$이다. 이제 이 사람이 11번째

당첨공으로 당첨이 되는 확률을 구하자. 101개의 공을 일렬로 나열하는 전체 경우의 수 101! 중에서, n번째 위치에 당첨공을 하나 골라서 놓은 후 그 앞 위치에 10개의 남은 당첨공을 배열하는 경우의 수를 생각하면, 확률은

$$\frac{{}_{11}C_1 \times {}_{n-1}P_{10} \times 90!}{101!} = \frac{11 \times (n-1) \times (n-2) \times \cdots \times (n-10)}{101 \times 100 \times \cdots \times 91}$$

이 된다. 그러므로 10번째 당첨공이 나왔을 때 추첨을 중단하는 상황에서, n번째$(n \geq 11)$ 추첨하는 사람이 당첨될 확률 p_n은

$$\begin{aligned} p_n &= \frac{11}{101} - \frac{11 \times (n-1) \times (n-2) \times \cdots \times (n-10)}{101 \times 100 \times \cdots \times 91} \\ &= \frac{11}{101}\left(1 - \frac{(n-1) \times (n-2) \times \cdots \times (n-10)}{100 \times 99 \times \cdots \times 91}\right) < \frac{11}{101} \end{aligned}$$

이 되며, p_n은 n의 값이 커질수록 점점 작아진다.

그러므로 독자들이 실제로 이러한 추첨을 진행하게 된다면, 바구니에 선발 인원보다 더 많은 당첨공을 넣지 않도록 주의해야 한다. 그리고 만일 이러한 추첨에 독자들이 참가하게 되었는데, 선발 인원보다 더 많은 당첨공을 바구니에 넣었다는 사실을 알게 되었다면, 독자들은 최대한 일찍 유치원에 도착해서 빠른 추첨 번호를 받도록 노력해야 한다.

13 (1) 각각의 갈림길에서 왼쪽 길로 이동할 확률이 $\frac{1}{2}$, 오른쪽 길로 이동할 확률도 $\frac{1}{2}$이라면 **| 갑돌이의 풀이 |** 가 옳다. **| 갑순이의 풀이 |** 에 나오는 최단경로들은 지나갈 확률이 서로 다른데, 실제로 경로 A → B → D → G → I로 이동할 확률은

$$\frac{1}{2} \times \frac{1}{2} = \frac{1}{4}$$

이고, A → C → F → H → I로 이동할 확률도 마찬가지로 $\frac{1}{4}$이지만, 다른 경로(A → B → E → G → I, A → B → E → H → I, A → C → E → G

$\rightarrow$ I, A $\rightarrow$ C $\rightarrow$ E $\rightarrow$ H $\rightarrow$ I 중 하나)로 이동할 확률은

$$\frac{1}{2}\times\frac{1}{2}\times\frac{1}{2}=\frac{1}{8}$$

이다.

(2) 경로를 제비뽑기로 결정하는 경우, 6개의 최단 경로들의 집합이 표본공간이 되기 때문에 **| 갑순이의 풀이 |** 가 옳다. 그리고 A $\rightarrow$ B $\rightarrow$ E로 이동할 확률은 $\frac{1}{4}$이 아니기 때문에 **| 갑돌이의 풀이 |** 는 잘못되었는데, 총 6개의 최단 경로 중에서 A $\rightarrow$ B $\rightarrow$ E를 포함하는 경로는 2개이므로 A $\rightarrow$ B $\rightarrow$ E로 이동할 확률은 $\frac{2}{6}=\frac{1}{3}$이며, 마찬가지 방법으로 A $\rightarrow$ C $\rightarrow$ E로 이동할 확률도 $\frac{2}{6}=\frac{1}{3}$이다.

부록1

보간법

보간법(interpolation)은 원래 존재하지 않거나 현재로서는 알 수 없는 값을 **일차함수**를 이용하여 정의하거나 추정하는 방법이다. 예를 통해 알아보자.

문제 상용로그표를 찾아보면 $\log_{10}2.41$, $\log_{10}2.42$의 근삿값이 각각 0.3820, 0.3838임을 확인할 수 있다. 이를 이용하여 $\log_{10}2.413$의 근삿값을 구하시오.

로그함수 $f(x)=\log_{10}x$는 증가함수이기 때문에, $0.3820<\log_{10}2.413<0.3838$이 성립하는 것은 쉽게 알 수 있다. 하지만 $\log_{10}2.413$의 근삿값으로 위의 범위보다 더 정확한 값을 찾고자 한다면, 다음과 같은 가정을 도입할 수 있다.

가정 x가 대단히 작은 범위에서만 움직인다면 연속함수 $y=f(x)$는 일차함수와 거의 차이가 없다.

위의 가정은 중고등학교 수학에 등장하는 모든 연속함수 $y=f(x)$에 대해 성립[2]한다. 이 가정을 이용하면 $\log_{10}2.413$의 근삿값은 다음과 같이 계산할 수 있다.

| 풀이 | 열린구간 $(2.41,\ 2.42)$은 길이가 아주 작기 때문에, $x\in(2.41,\ 2.42)$에 대하여 상용로그함수 $f(x)=\log_{10}x$는 일차함수와 거의 차이가 없다. 상용로그함수 위의 두 점 $(2.41, 0.3820)$, $(2.42, 0.3838)$을 지나는 일차함수를

2 **가정**은 대학수학에서 다루는 특별한 함수들에 대해서는 성립하지 않을 수도 있다. 예를 들어 $f(x)=\begin{cases} x\sin\dfrac{1}{x} & (x\neq 0) \\ 0 & (x=0)\end{cases}$와 같은 연속함수는 x가 0 주위에서 아무리 작게 변하더라도 가정을 만족하지 않는다.

$y=g(x)$라 두면, 일차함수의 기울기 공식

$$\frac{g(2.413)-g(2.41)}{2.413-2.41}=\frac{g(2.42)-g(2.41)}{2.42-2.41}$$

으로부터

$$\begin{aligned} g(2.413) &= g(2.41)+\frac{g(2.42)-g(2.41)}{2.42-2.41}\times(2.413-2.41) \\ &= 0.3820+\frac{0.3838-0.3820}{0.01}\times 0.003 = 0.38254 \fallingdotseq 0.3825 \end{aligned}$$

을 얻으며, 이 값은 $f(2.413)=\log_{10}2.413$ 의 근삿값이 된다. 이 값이 실제 값과 가까운지 확인하기 위해 정밀한 계산기를 이용해 $\log_{10}2.413$ 의 값을 직접 구하면 $\log_{10}2.413=0.382557\cdots$을 얻으며, 이 값은 위에서 계산한 근삿값과 거의 일치한다. 만일 미분을 많이 공부한 학생이라면, 로그함수 $f(x)=\log_{10}x$ 는 위로 볼록이기 때문에 $g(2.413)<f(2.413)$이 성립한다는 사실도 추가로 알 수 있을 것이다. ❑

위의 **풀이**에서 $g(2.413)$의 값은 내분점 공식을 이용해서도 구할 수 있다. 직선 위의 두 점 $\mathrm{A}(2.41,\ g(2.41))$, $\mathrm{B}(2.42,\ g(2.42))$에 대하여 점 $\mathrm{C}(2.413,\ g(2.413))$는 선분 $\overline{\mathrm{AB}}$를

$$(2.413-2.41):(2.42-2.413)=0.003:0.007=3:7$$

로 내분하는 점이다. 그러므로

$$g(2.413)=\frac{7\times g(2.41)+3\times g(2.42)}{10}=g(2.41)+0.3\times\Big(g(2.42)-g(2.41)\Big)$$

와 같이 계산할 수도 있다.

이제 2장에서 다루었던 사분위수 계산을 다시 살펴보자. 수로 이루어진 여러 개의 데이터를 크기 순서대로 배열하였을 때, 4번째 데이터가 x_4, 5번째 데이터가 x_5가 되었다고 하자. 여기에서 4.25번째 데이터나 4.75번째 데

이터는 존재하지 않는다는 사실에 주의하자. 하지만 사분위범위 등을 계산하려면 때로는 4.25번째 데이터나 4.75번째 데이터가 필요할 때가 있기 때문에, 이러한 데이터들을 정의하기 위해 두 점 $(4,\ x_4)$, $(5,\ x_5)$를 지나는 일차함수

$$h(x) = x_4 + (x-4)(x_5 - x_4)\ (4 \le x \le 5)$$

를 생각하자. 여기에서 4.25번째 데이터는

$$h(4.25) = x_4 + 0.25 \times (x_5 - x_4),$$

4.75번째 데이터는

$$h(4.75) = x_4 + 0.75 \times (x_5 - x_4)$$

로 정의한다. 이렇게 원래 존재하지 않거나 현재로서는 알 수 없는 값을 일차함수를 이용하여 정의하거나 추정하는 방법을 보간법이라 한다.

예 보간법을 이용하여 $\cos 22.8°$의 근삿값을 구해보자. 삼각함수표를 찾으면 $\cos 22°$와 $\cos 23°$의 근삿값이 각각 0.9272, 0.9205임을 알 수 있다. 두 근삿값을

$$(22.8-22):(23-22.8) = 0.8:0.2 = 8:2$$

로 내분하는 값을 찾으면

$$\begin{aligned}\cos 22.8° &\fallingdotseq \frac{2 \times 0.9272 + 8 \times 0.9205}{10} = 0.9272 + 0.8 \times (0.9205 - 0.9272) \\ &\fallingdotseq 0.9218\end{aligned}$$

이 된다. 실제로 정밀한 계산기를 이용해 $\cos 22.8°$을 직접 계산하면 $\cos 22.8° = 0.921863\ldots$이며, 이는 보간법으로 구한 근삿값과 거의 일치한다.

보간법을 이용한 근삿값 계산은 예전 고등학교 수학에서는 대단히 중요했던 주제였으며 실생활에서도 널리 사용되었다. 하지만 지난 수십 년간 계산기의 성능이 비약적으로 발달하였고 스마트폰 사용이 일반화되어, 이제는

스마트폰 계산기로 로그함수나 삼각함수의 근삿값을 보간법 없이 직접 구할 수 있게 되었다. 이러한 이유로 이제는 더 이상 보간법을 가르치는 것이 학생들에게 의미가 없어져서 현재 수학 교육과정에서는 빠지게 되었으나, 보간법의 아이디어는 여전히 다양한 수학 분야에서 활용되고 있다.

부록2

Excel을 활용한 기초통계량 계산

2장에서 살펴본 기초통계량들은 많은 상황에서 사용될 수 있으며, 특별히 교사가 학생들의 성적 분포의 경향을 파악하는 용도로 활용하기 좋다. 하지만 이러한 기초통계량은 공식에 대입하여 직접 구하는 것이 상당히 복잡하기 때문에, Excel이나 R과 같은 소프트웨어를 활용하는 것이 적절하다. 일반적으로 교사들이 학생들의 성적 처리를 할 때 Excel을 가장 많이 사용하기 때문에, 이 부록에서는 기초통계량을 구하는 초보적인 Excel 사용법을 소개하겠다.

	A	B	C	D
1	이름	수학	과학	
2	조진사	56	95	
3	조진삭	65	78	
4	조진산	73	95	
5	조진삽	93	73	
6	조진상	80	57	
7	조진서	55	68	
8	조진석	53	93	
9	조진선	80	98	
10	조진설	60	95	
11				

위의 성적 분포에서 수학 성적의 평균을 구하려면, 비어있는 셀 안에

=AVERAGE(B2:B10)

를 입력하고 엔터키를 누르면 된다. 마찬가지로 과학 평균은

=AVERAGE(C2:C10)

와 같다. 여기에서 입력하는 명령어의 괄호 안은 범위를 나타내는데, 범위는 직접 입력하지 않고 "=AVERAGE("까지만 입력한 후 마우스로 원하는 범위(B2:B10 또는 C2:C10)를 드래그하여 선택하면 자동으로 입력된다. 그 후 ")"를 입력하고 엔터키를 눌러도 된다.

다음은 위의 성적 분포에서 기초통계량을 구하는 명령어들과 그 결과들이다.

기초통계량	수학 성적		과학 성적	
	명령어	결과	명령어	결과
평균	=AVERAGE(B2:B10)	68.33	=AVERAGE(C2:C10)	83.56
분산	=VAR.P(B2:B10)	172	=VAR.P(C2:C10)	197.80
표준편차	=STDEV.P(B2:B10)	13.11	=STDEV.P(C2:C10)	14.06
평균절대편차	=AVEDEV(B2:B10)	11.70	=AVEDEV(C2:C10)	12.94
중앙값	=MEDIAN(B2:B10)	65	=MEDIAN(C2:C10)	93
최빈값	=MODE.SNGL(B2:B10)	80	=MODE.SNGL(C2:C10)	95
최솟값	=QUARTILE.INC(B2:B10,0)	53	=QUARTILE.INC(C2:C10,0)	57
최댓값	=QUARTILE.INC(B2:B10,4)	93	=QUARTILE.INC(C2:C10,4)	98
제1사분위수 Q_1	=QUARTILE.EXC(B2:B10,1)	55.5	=QUARTILE.EXC(C2:C10,1)	70.5
제3사분위수 Q_3	=QUARTILE.EXC(B2:B10,3)	80	=QUARTILE.EXC(C2:C10,3)	95
사분위범위 IQR	=QUARTILE.EXC(B2:B10,3) -QUARTILE.EXC(B2:B10,1)	24.5	=QUARTILE.EXC(C2:C10,3) -QUARTILE.EXC(BC:C10,1)	24.5

여기에서 최빈값을 구하는 함수 MODE.SNGL은 최빈값이 여러 개 있는 경우, 하나의 값만 구한다는 것에 주의할 필요가 있다. 여러 개의 최빈값을 모두 구하고 싶은 경우에는 MODE.MULTI 함수를 써야 하는데, 이 함수는 약간 복잡하기 때문에 관심있는 독자들은 Excel의 도움말을 참고하기 바란다.

독자들은 위의 표의 제1사분위수 Q_1과 제3사분위수 Q_3는 보간법을 사용 (2장 2절의 **공식**과 **예 2.3** 참고)하여 정의한 것이라는 사실에 주의하기 바란다.

기초통계량을 구하는 함수들은 굳이 외우지 않고 Excel에서 필요할 때마다 검색하여 사용할 수도 있다. Excel 메뉴의 **수식** 탭을 누른 후 *fx* 함수 삽입 을 누르면 아래 그림과 같은 **함수 마법사**를 통해 모든 Excel 함수들을 검색할 수 있으며, 각각의 함수들에 대한 간단한 설명과 사용법도 확인할 수 있다. 이 기능을 잘 활용하면 위의 명령어 표가 없더라도 쉽게 기초통계량을 구할 수 있을 것이다.

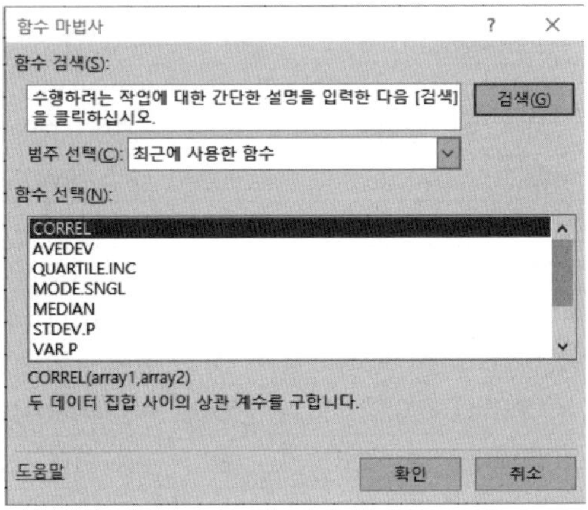

상자 수염 그림은 Excel 2016버전부터 지원한다. 수학 성적의 상자 수염 그림을 그리려면 먼저 수학 성적이 있는 셀들을 선택(B2:B10)한 후, 메뉴의 **삽입**을 누른 후  를 클릭하여 나오는 새로운 창에서 **모든 차트** 탭을 누른다.

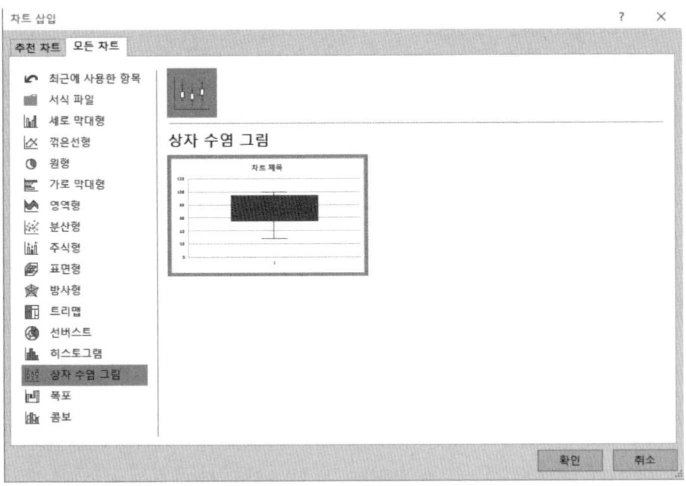

차트 중에서 위의 그림과 같이 **상자 수염 그림**을 선택하면 선택한 성적에 대한 상자 수염 그림을 얻는다. 아래는 이러한 방법으로 수학 성적과 과학 성적 각각의 상자 수염 그림을 직접 그린 것이다. (차트 제목은 독자들을 위해 변경하였다) 여기에서 상자 안의 × 표시는 평균을 나타낸다.

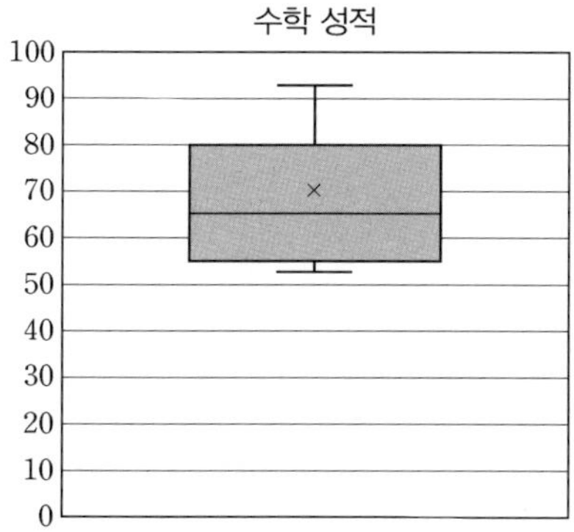

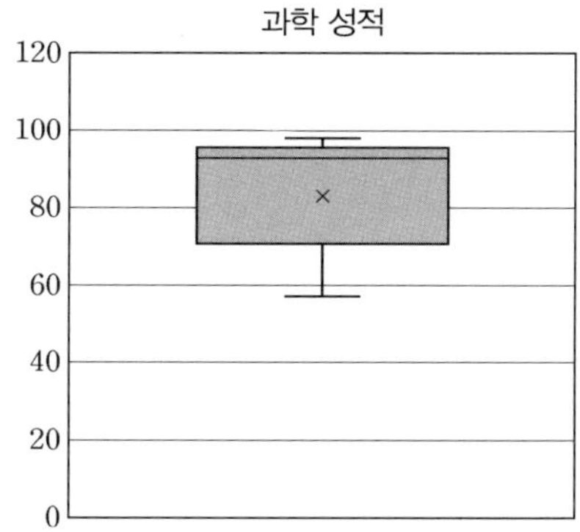

수학 성적과 과학 성적의 산점도는 아래와 같다. 이 산점도는 위의 **차트 삽입** 창에서 **분산형**을 선택하여 구할 수 있다. (이 그림에서도 독자들을 위해 차트 제목을 변경하였고, 각 축에 제목을 붙였다)

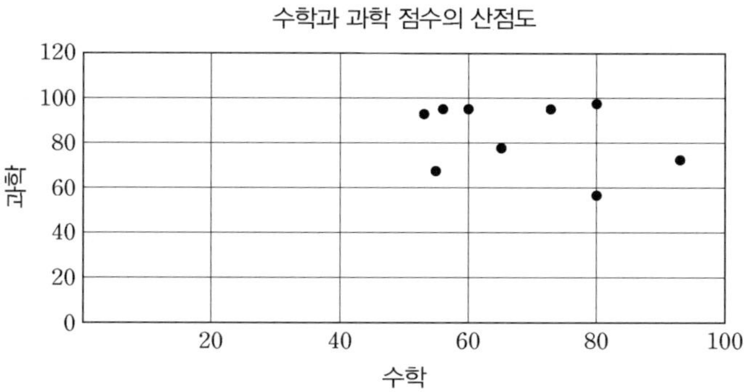

이 산점도로부터 수학 성적과 과학 성적은 상관관계가 거의 없을 것이라 예상할 수 있다. 실제로 두 성적 간의 상관계수는 다음 명령어

=CORREL(B2:B10, C2:C10)

로 구할 수 있는데, 실제 계산한 결과는 −0.30이 된다. 그러므로 위의 수학 성적과 과학 성적 사이에는 약한 음의 상관관계가 있음을 알 수 있다.

참고문헌

권재원 (2014). **거짓말로 배우는 10대들의 통계학**. 서울: 다른.

김원경 (2011). **교사를 위한 확률과 통계학**. 서울: 교우.

류희찬 외 (2015). **고등학교 확률과 통계 교과서**(2009 개정 교육과정). 서울: 천재교과서.

우정호 (2017). **개정판 학교수학의 교육적 기초(하)**. 서울: 서울대학교출판문화원.

우정호, 이경화 (1996). 확률 개념의 교수학적 변환에 관한 연구. **대한수학교육학회 논문집**, **6**(1), 125-144.

윤원영, 서순근 (2019). **일상의 확률문제**. 서울: 경문사.

이동환, 이경화 (2010). 영재아들은 모호성에 어떻게 대처하는가? **학교수학**, **12**(1), 79-95.

정재승 (2001). **정재승의 과학 콘서트**. 서울: 동아시아.

콜린 베버리지 (2017). *The Maths Behind: Discover the Mathematics of Everyday Events*. 장정문 역 (2018). **일상에 숨겨진 수학 이야기**. 용인: 소우주출판사.

데보라 J. 베넷 (1998). *Randomness*. 박병철 역 (2000). **확률의 함정**. 서울: 영림카디널.

앨런 B. 다우니 (2023). *Probably Overthinking It: How to Use Data to Answer Questions, Avoid Statistical Traps, and Make Better Decisions*, 김상현 역 (2024). **통계의 함정: 통계의 역설로 본 환상과 거

짓. 서울: 에이콘.

조던 앨렌버그 (2015). *How Not to Be Wrong: The Power of Mathematical Thinking*, 김명남 역 (2016). **틀리지 않는 법: 수학적 사고의 힘**. 파주: 열린책들.

Mendenhall, W. 외 (2012). *Introduction to Probability & Statistics, 14th edition*. 김영주 외 역 (2019). **확률 및 통계학 개론(14판)**. 서울: 교우.

폴 J. 나힌 (2013). *Will You Be Alive 10 Years From Now*? 안재현 역 (2014). **당신이 10년 후에 살아있을 확률은?** 서울: 처음북스.

캐시 오닐 (2016). *Weapons of Math Destruction: How Big Data Increases Inequality and Threatens Democracy*. 김정혜 역 (2017). **대량살상 수학무기**. 서울: 흐름출판.

하임 샤피라 (2017). *Gladiators, Pirates and Games of Trust: How Game Theory, Probability and Strategy Rule Our Lives*. 이재경 역 (2017). **n분의 1의 함정**. 서울: 반니.

가미나가 마사히로 (2014). **直感を裏切る数学**. 조윤동, 이유진 역 (2015). **수학 사고력을 키우는 20가지 이야기**. 성남: 윤출판.

쿠리하라 신이치, 마루야마 아츠시 (2017). **統計学図鑑**. 김선숙 역 (2018). **통계학 도감**. 서울: 성안당.

찾아보기

ㄱ

가부번 집합 98
게임이론 63
공사건 26
근원사건 26
기댓값 36
기술통계학 12
기초통계량 12
기하급수 40
기하급수적으로 증가한다 40
기하평균 2
기하학적 확률 94

ㄷ

더건, 마이크(Duggan, Mike) 65
독립 72
독립사건 72
독립시행 76
디아코니스, 퍼시(Diaconis, Persi) 34
딥러닝 68

ㅁ

몬티 홀 문제 82

ㅂ

벅슨의 역설 120
벅슨, 조셉(Berkson, Joseph) 121
배반사건 73
백신의 예방률 65
베르트랑 104
변별도 22
변형된 몬티 홀 문제 88
보간법 16, 156
보스 사반트, 마릴린 (vos Savant, Marilyn) 136
분산 13
비가부번 집합 98
비만의 역설 131

ㅅ

사건 26
사분위범위 15

사분위수 15
산술평균 2
산점도 20
산포도 13
상관계수 21
상관관계 20
상자 그림 18
상자 수염 그림 18
새킷, 다비드 (Sackett, David) 121
생일의 역설 47
셀 수 없는 집합 98
셀 수 있는 집합 98
심슨, O. J.(Simpson, O. J.) 55
심프슨(Simpson) 6
심프슨의 역설 7
쌍둥이의 역설 131

ㅇ

아래 울타리 18
에어디시, 폴(Erdös, Paul) 83
엘렌버그, 조던(Ellenberg, Jordan) 123
예루살미, 제이콥(Yerushalmy, Jacob) 126
오닐, 캐시(O'Neil, Cathy) 9
위 울타리 18
위약 65
이상점 19
인공지능 68

ㅈ

전사건 26
절대편차 14
제1사분위수 15
제2사분위수 15
제3사분위수 15
조건부확률 49
조사의 역설 115
조화수열 4
조화평균 2
종속사건 72
중앙값 12

ㅊ

최빈값 12
출생 시 저체중의 역설 126
측도론 98

ㅋ

콜모고로브(Kolmogorov) 99
클라크, 샐리(Clark, Sally) 78

ㅌ

통계적 확률 65

ㅍ

파스칼(Pascal) 37
페르마(Fermat) 37
편차 13
편향된 표집 115
평균절대편차 14
표본공간 26
표준편차 13
프로이덴탈(Freudenthal) 148
피아제(Piaget) 146

ㅎ

홀, 몬티(Hall, Monty) 82
확률 28, 100
확률변수 36
확률분포 36
확률분포표 36
확률의 공리적 정의 99

오류와 역설로 배우는 확률과 통계

지은이 조진석
펴낸이 조경희
펴낸곳 경문사
펴낸날 2022년 3월 2일 1판 1쇄
2025년 3월 2일 2판 1쇄
등 록 1979년 11월 9일 제1979-000023호
주 소 04057, 서울특별시 마포구 와우산로 174
전 화 (02)332-2004 팩스 (02)336-5193
이메일 kyungmoon@kyungmoon.com

값 15,000원

ISBN 979-11-6073-774-5